北洋设计文库

北洋匠心

天津大学建筑学院校友作品集 第二辑

1985—1991 级 天津大学建筑学院 编著

天津大学出版社
TIANJIN UNIVERSITY PRESS

《北洋匠心》编委会

主编单位：天津大学建筑学院

承编单位：天津大学建筑学院校友会

天津天大乙未文化传播有限公司

出版单位：天津大学出版社

丛书顾问：彭一刚、崔愷

丛书编委会主任：张颀

丛书编委会副主任：周恺、李兴钢、荆子洋

本书编委：闫凤英、傅绍辉、程颖、赖军、冯海翔、许克非、高艳蓉、吴庆瑜、王一旻、徐石、徐子苹、滑际珂、卞洪滨、蔡明、李兴钢、朱玲、何捷、焦力、董艳芳、凌建、刘方磊、方巍、刘新、柴晟、狄韶华、徐平利、王立雄、陈安华、牟中辉、郑灿、王宇石

策划：杨云婧

北洋匠心

天津大学建筑学院校友作品集 第二辑

1985—1991 级 天津大学建筑学院 编著

天津大学出版社

TIANJIN UNIVERSITY PRESS

北洋大學堂
1895-1995

彭一刚院士手稿

序

PREFACE

在 21 世纪之初，西南交通大学召开了一次"建筑学专业指导委员会"会议，我以顾问的身份应邀出席了这次会议。与以往大不相同的是，与会的人员几乎都是陌生的年轻人，那么老人呢？不言而喻，他们均相继退出了教学岗位。作为顾问，在即兴的发言中我提到了新旧交替相当于重新"洗牌"。现在，无论老校、新校，大家都站在同一条起跑线上。老校不能故步自封，新校也不要妄自菲薄，只要解放思想并做出努力，都可能引领建筑教育迈上一个新的台阶。

天津大学，应当归于老校的行列。该校建筑系的学生在各种建筑设计竞赛中频频获奖，其中有的人已成为设计大师，甚至院士。总之天津大学建筑学的教学质量还是被大家认同的，究其原因不外有二：一是秉承徐中先生的教学思想，注重对学生基本功的训练；二是建筑设计课的任教老师心无旁骛，把全部心思都扑在教学上。于今，这两方面的情况都发生了很大变化，不得不令人担忧的是，作为老校的天津大学的建筑院系，是否还能保持原先的优势，继续为国家培养出高质量、高水平的建筑设计人才。

天津大学的建筑教育发展至今已有 80 年的历史。2017 年 10 月，天津大学建筑学院举办了各种庆典活动，庆祝天津大学建筑教育 80 周年华诞。在这之前，我们思考拿什么来向这种庆典活动献礼呢？建筑学院的领导与校友会商定，继续出版一套天津大学建筑学院毕业学生的建筑设计作品集《北洋匠心》系列，时间范围自 1977 年恢复高考至 21 世纪之初，从每届毕业生中挑出若干人，由他们自己提供具有代表性的若干项目，然后汇集成册，借此，向社会汇报天津大学建筑教育发展至今的教学和培养人才的成果。

对于校友们的成果，作为天津大学建筑学院教师团队成员之一的我不便置评，但希望读者不吝批评指正，为学院今后的教学改革提供参考，是为序。

中国科学院院士
天津大学建筑学院名誉院长
2017 年 12 月

彭一刚院士手稿

前言
FOREWORD

2017年10月21日，天津大学建筑教育迎来了80周年华诞纪念日。自2017年6月，学院即启动了"承前志·启后新"迎接80周年华诞院庆系列纪念活动，回顾历史，传递梦想，延续传统，开创未来，获得了各界校友的广泛关注和支持。

值80周年华诞之际，天津大学建筑学院在北京、上海、深圳、西安、石家庄、杭州、成都、沈阳等地组织了多场校友活动，希冀其成为校友间沟通和交流的纽带，增进学院与校友的联系与合作；并由天津大学建筑学院、天津大学建筑学院校友会、天津大学出版社、乙未文化共同策划出版《北洋匠心——天津大学建筑学院校友作品集》（第二辑），力求全面梳理建筑学院校友作品，将北洋建筑人近年来的工作成果向母校、向社会做一个整体的展示和汇报。

天津大学建筑学院的办学历史可上溯至1937年创建的天津工商学院建筑系。学院创办至今的80年来，培养出一代代卓越的建筑英才，他们中的许多人作为当代中国建筑界的中坚力量甚至领军人物，为中国城乡建设挥洒汗水、默默耕耘。北洋建筑人始终秉承着"实事求是"的校训，以精湛过硬的职业技法、精益求精的工作态度以及服务社会、引领社会的责任心，创作了大量优秀的建筑作品，为母校赢得了众多荣誉。从2008年奥运会的主场馆鸟巢、水立方、奥林匹克公园，到天津大学北洋园校区的教学楼、图书馆，每个工程背后均有北洋建筑人辛勤工作的身影。校友们执业多年仍心系母校，以设立奖学金、助学金、学术基金，赞助学生设计竞赛和实物捐助等形式反哺母校，通过院企合作助力建筑学院的发展，促进产、学、研、用结合，加速科技成果转化，为学院教学改革和持续创新搭建起一个良好的平台。

《北洋匠心——天津大学建筑学院校友作品集》（第二辑）自2017年7月面向全体建筑学院毕业校友公开征集稿件以来，得到各地校友分会及校友们的大力支持和积极参与，编辑组陆续收到130余位校友共计339个项目的稿件。2017年9月召开的编委会上，中国科学院院士、天津大学建筑学院名誉院长彭一刚，天津大学建筑学院院长张颀，全国工程勘察设计大师、中国建筑设计研究院有限公司总建筑师李兴钢，天津大学建筑学院建筑系主任荆子洋对投稿项目进行了现场评审；同时，中国工程院院士、国家勘察设计大师、中国建筑设计院有限公司名誉院长、总建筑师崔愷，全国工程勘察设计大师、天津大学建筑学院教授、华汇工程建筑设计有限公司总建筑师周恺对本书的出版也给予了大力支持。各位评审对本书的出版宗旨、编辑原则、稿件选用提出了明确的指导意见，对应征稿件进行了全面的梳理和认真的评议。本书最终收录均为校友主创、主持并竣工的代表性项目，希望能为建筑同人提供有益经验。

近百年风风雨雨，不变的是天大建筑人对母校的深情大爱，不变的是天大建筑人对母校一以贯之的感恩反哺。在此，衷心感谢各地校友会、校友单位和各位校友对本书出版工作的鼎力支持，对于书中可能存在的不足和疏漏，也恳请各位专家、学者及读者批评指正。

天津大学建筑学院院长
天津大学建筑学院校友会会长

2017年12月

目录
CONTENTS

闫凤英 1985 级

天津大学建筑学院 教授、博士生导师
美国建筑师协会（AIA）会员
天津市城乡规划学会理事

1989 年毕业于天津大学建筑系，获工学学士学位
1992 年毕业于天津大学建筑系，获工学硕士学位

1992 年至今任职于天津大学建筑学院

代表项目
山东省泰安市泰山百货大厦 / 河北省涿州市物探局行政培训中心

浙江省长兴县煤山行政服务中心

设计单位：天津大学建筑学院
业主单位：浙江省长兴县煤山镇政府

项目地点：浙江省长兴县
场地面积：64 400 ㎡
建筑面积：34 167 ㎡
设计时间：2010—2011 年
竣工时间：2015 年

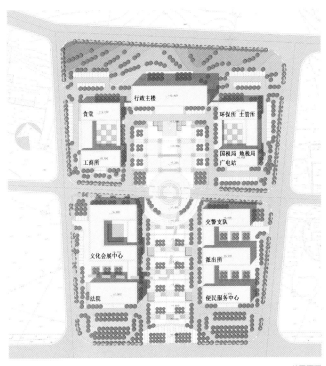

总平面图

项目位于长兴县煤山镇中部的一块坡地上，南临104省道，北靠西山，东至工业园区，西接长广鑫和家园。用地地块长303米，宽216米，南低北高，高差约14米。方案采用集中与分散相结合的布局，以"开放、通透、自然和生长"为设计理念，建筑、连廊、广场、庭院相互渗透，形成"两区一轴"的结构。"一轴"即呈步步抬升的阶梯状的景观中轴线，建筑沿轴线对称布局，广场以柱廊围合，并与两侧的庭院空间相互渗透，广场绿化与台阶层层叠叠，形成多层次的立体绿化系统。

"两区"即市民、市政南北两区，北区以市政广场为核心，包括政府办公、食堂、接待及各职能站所办公；南区以市民广场为核心，包括法院、便民服务大厅、派出所、交警中队、会展中心五个部分。整个建筑群利用体块叠落，与地形相互映衬，依山就势、错落有致，建筑与自然相互渗透、相互交融。单体建筑设计注重整体和谐，在统一中求变化。考虑到煤山镇气候和环境的特点，建筑立面采用白麻及深灰两种花岗岩石材。项目组通过煤山行政服务中心的建设，努力创造人与环境和谐依存、建筑与自然完美结合的"和谐城镇"，在情景交融中，开拓创新，服务民众，达到"政通人和，天人合一"的理想境界。

傅绍辉 1986 级

中国航空规划设计研究总院有限公司 首席专家、总建筑师、研究员
国家一级注册建筑师
中国建筑学会资深会员
英国巴斯大学访问学者

1990 年毕业于天津大学建筑系，获工学学士学位
1993 年毕业于天津大学建筑系，获工学硕士学位

1993—1994 年任职于中房（集团）北京建筑设计事务所
1994 年至今任职于中国航空规划设计研究总院有限公司

个人荣誉
中国建筑学会"当代中国百名建筑师"
第四届、第六届中国建筑学会青年建筑师奖
中国航空工业集团公司"航空报国突出贡献奖""十佳青年"

获奖项目
1. 成都博物馆新馆：全国优秀工程勘察设计行业奖一等奖（2017）/ 航空工业优秀工程勘察设计一等奖（2017）
2. 中航发动机公司 1 号科研楼一期：全国优秀工程勘察设计行业奖二等奖（2017）
3. 内蒙古自治区科学技术馆新馆、内蒙古演艺中心：全国优秀工程勘察设计行业奖一等奖（2015）
4. 中航直升机有限责任公司天津直升机研发中心：全国优秀工程勘察设计行业奖二等奖（2015）
5. 贵阳奥林匹克体育中心主体育场工程设计：中国建筑学会中国建筑设计奖（建筑创作奖）金奖（2013）/ 贵州省优秀工程勘察设计奖一等奖（2012）
6. 中航工业洛阳光电设备研究所研发中心：第三届中国工业优秀建筑设计一等奖（2011）
7. 中国资源卫星应用中心：全国优秀工程勘察设计行业奖建筑工程类三等奖（2009）
8. 首都国际机场专机和公务机楼：航空工业优秀工程勘察设计一等奖（2009）

内蒙古科技馆新馆及内蒙古演艺中心

设计单位：中国航空规划设计研究总院有限公司
业主单位：内蒙古自治区本级政府投资非经营性项目基建办公

设计团队：傅绍辉、刘锐峰、周成、钟燕、徐岩、周家宁、王溪莎、臧志远、白洁 等
项目地点：内蒙古自治区呼和浩特市
内蒙古科技馆新馆
场地面积：72 200 ㎡，建筑面积：48 300 ㎡
内蒙古演艺中心
场地面积：29 600 ㎡，建筑面积：38 800 ㎡
设计时间：2009—2010 年
竣工时间：2013 年
摄影：楼洪忆

1. 内蒙古演艺中心
2. 内蒙古科技馆新馆
3. 内蒙古博物院
4. 内蒙古乌兰恰特大剧院
5. 内蒙古美术馆
6. 呼和浩特历史文化名城及
   非物质文化遗产保护中心

总平面图

科技馆和演艺中心在基座部分延续博物馆、大剧院的草坡建筑语汇，形成建筑群沿东二环快速路的整体标识性。两座建筑草坡基座的平面形态呈微微外弓形，与博物馆、大剧院内弓形的平面轮廓相互衔接。科技馆立面沿东二环路呈反弓形、以呼应博物馆、大剧院的正弓形立面轮廓。博物馆、大剧院中间为 6 米高的平台广场，公众由大台阶上至平台广场，可见平台尽端科技馆的抛物线形屋面轮廓。向北漫步，两边舒展延伸、中央拱起的近似对称的科技馆和演艺中心的建筑天际线渐渐完整呈现出来，从而形成自新华东街由南向北延伸的城市空间轴线。

程 颖 1986 级

深圳市紫月环境景观设计有限公司 董事长、设计总监

1990 年毕业于天津大学建筑系，获工学学士学位
1995 年毕业于天津大学建筑系，获工学硕士学位

1995—1999 年任职于深圳金田房地产开发有限公司设计策划部
1999—2001 年任职云南博深装饰工程有限责任公司
2001—2003 年任职于深圳合大国际设计有限公司
2003 年至今任职于深圳市紫月环境景观以及深圳市安纳塔拉设计有限公司

代表项目
三亚半岭温泉度假酒店 / 深圳宝安中南花园建筑设计 / 深圳万科城商业区及样板示范区 / 北京天鹅湖生态旅游风景区 / 西安潼关古城风景旅游区 / 深圳梧桐山公园登山道 / 深圳前海梦工厂 / 湖北山水明城建筑设计 / 石家庄吃遍中国规划与建筑设计及吃遍中国文化主题公园 / 广州锦绣香江景观设计 / 深圳绿景大公馆 / 武汉融侨华府环境景观设计 / 深圳阳光天健城 / 扬州奥园西湖名郡景观设计 / 武汉盛世东方 / 河南建业城及建业森林半岛景观设计 / 海南大印经典花园 / 浙江海亮御和园 / 郑州浩创梧桐郡、星联湾

获奖项目
1. 劲酒集团宏维·山水明城（规划、建筑、景观设计）：中国土木工程詹天佑奖住宅小区优秀环境设计奖（2007）
2. 锦绣香江·山水华府（环境景观设计）：中国最佳国际花园社区奖（2005）/ 全球幸福指数人居奖金奖（2006）/ 亚洲人居环境建设典范工程奖（2007）
3. 西安·曲江公馆（环境景观设计）：西安最佳人居环境奖（2010）

大印经典花园

设计单位：深圳市紫月环境景观设计有限公司
业主单位：海南大印经典置业有限公司

设计团队：程颖、金丹
项目地点：海南省琼海市
场地面积：84 000 ㎡
设计时间：2011 年
竣工时间：2013 年

大印经典花园最大的特色是景观展现了自然、健康、休闲的特质，大到空间打造，小到细节装饰，都体现了对自然的尊重和对手工艺制作的崇尚。材料的使用也很有代表性，如菠萝格、青石板、鹅卵石、麻石等，旨在接近真正的大自然。植物设计充分运用果木，到海南岛休闲度假的人们可以在花园中观赏到莲雾、芒果、菠萝蜜等果木和美人树、鸡蛋花、风铃木等娇艳欲滴的花树。花园中处处体现出异域休闲度假的风情。

半岭温泉别墅度假酒店

设计单位：深圳市安纳塔拉设计有限公司
业主单位：三亚海韵集团有限公司

设计团队：程颖、金丹
项目地点：海南省三亚市
场地面积：126 000 ㎡
设计时间：2012 年
竣工时间：2017 年

东南亚风情的别墅充满了浓郁的东南亚干栏式建筑风格，拥有繁华独特的热带花园。设计旨在给每一位旅客轻松休闲的度假环境。绿意盎然的阳光草坪、清凉干净的温泉泳池、亲水的休闲沙发平台处处体现出奢华的度假风情。简洁明快的色彩搭配、因地制宜的地形处理方式，无处不体现设计的匠心。每片树荫下都有客人休憩驻留的空间，微风轻抚，惬意无限。设计将度假酒店及温泉别墅的休闲功能发挥到极致，使其成为人们远离喧嚣嘈杂城市的最佳之选，让每一位旅客在此都有放下城市的喧嚣忙碌，彻底放飞身心。

赖 军 1986 级

墨臣文化创意产业集团 总裁
北京墨臣建筑设计事务所 董事合伙人、总裁、设计总监
国家一级注册建筑师

1990 年毕业于天津大学建筑系，获工学学士学位
2005 年毕业于清华大学经济管理学院，获高级工商管理硕士学位

1990—1992 年任职于中国航空工业第四规划设计研究院
1992—1994 年任职于深圳市政设计院
1994—1995 年任职于北京云翔建筑设计事务所
1995—2002 年任职于北京墨臣工程咨询公司、北京华特建筑设计顾问有限责任公司
2002 年至今任职于北京墨臣建筑设计事务所

代表项目
鸿坤西红门体育公园 / 北京麦语云栖度假别墅酒店改造 / 王府井大街改造

获奖项目
1. 鸿坤西红门体育公园：国际地产大奖亚太区中国休闲建筑大奖（2017）/APIDA 亚太区室内设计大奖（2017）
2. 万通天津·生态城新新家园（茧）会所：世界华人建筑师设计大奖优秀设计奖（2013）/中国创新设计红星奖金奖（2012）/ APIDA 亚太区室内设计大奖铜奖（2012）
3. 中新天津生态城市管理服务中心办公楼改造：法国罗阿大区时代建筑生态建筑奖（2010）
4. 墨臣新办公楼（佟麟阁路 85 号）改造：APIDA 亚太区室内设计大奖铜奖（2006）
5. 万科北京·西山庭院：AIA（美国建筑师联合会）最佳设计奖之已竣工工程奖（2005）

鸿坤西红门体育公园

设计单位：北京墨臣建筑设计事务所
业主单位：鸿坤地产

设计团队：赖军、龚欣、张璇、Aaron Arthur
Pasquale、尚宝明、王俊英、郝向褥、史艳玲、
陈昕、赵洪刚、于芮、于新、聂亚飞、王伯荣 等
项目地点：北京市
场地面积：35 894 ㎡
建筑面积：19 967 ㎡
设计时间：2013 年
竣工时间：2016 年

鸿坤西红门体育公园项目位于北京大兴区西红门镇的中心位置，项目规划初期面临两大难题：一是项目所在区域以各类型居住社区为主，公园和体育活动资源匮乏；二是项目用地有限，如何让有限的土地发挥更大的作用，解决更多的社会问题，也是思考的重点。

基于此背景，建设方希望提升当地的环境品质及人文气质，打造"城市最美街区"，打造一个将健康体验融入绿色生态环境中，集健身、娱乐、亲子、休闲功能为一身的多功能绿色休闲活动场所——生长着的体育公园。

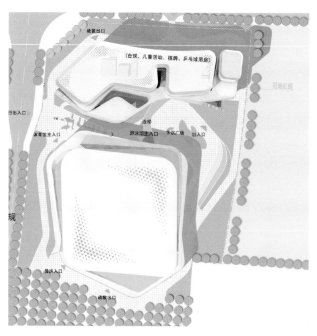

总平面图

折叠型土地利用——将有限的平面（土地）转变为多层级的空间体系，将土地使用率成倍放大。"折叠型土地利用"即合理规划有限的土地资源，提供充足的室内外活动空间和城市绿化，实现土地价值最大化。本项目的功能空间包括体育场馆、体育配套用房、中央庭院、公园绿地和停车场等，"折叠"运用在各个空间的联系中。

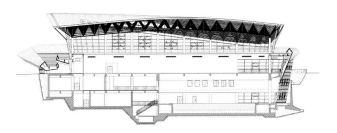

休育馆剖面图

建筑、景观、室内设计一体化——"聚、融、升"是规划设计的初衷，最终形成了建筑、景观、室内设计一体化的设计理念。

绿色理念，"绿色公园，绿色未来"——这里的绿色不仅仅代表色彩，还包含绿色的主题（健康）、绿色的理念（可持续）、绿色的功能（运动）和绿色的感悟（平和心境）。设计从"尊重自然，珍惜土地，造福城市"出发，旨在打造一个融入自然的、有机的绿色建筑。设计将"绿色"融入整套设计系统中，形成建筑、景观、室内"绿色设计一体化"的理念，打造城市生态绿岛，从而取得了中国绿色建筑三星认证。

高艳蓉 1986 级

盖朴（GAP）设计有限公司 创建人、主持设计师
美国绿色建筑协会 LEED 认证专家
中国建筑工程总公司 高级建筑师

1990 年毕业于天津大学建筑系，获建筑学学士学位
2006 年毕业于哈佛大学设计研究生院，获城市规划硕士学位

1990—2003 年任职于中国建筑东北设计研究院深圳分院
2006—2007 年任职于 TRO Jung|Brannen
2007 年任职于 Rafael Vinoly Architects PC
2007—2010 年任职于阿特金斯顾问（深圳）有限公司上海分公司
2010—2011 年任职于 Steinberg 建筑事务所上海代表处
2011 年任职于 B+H（上海）建筑设计咨询有限公司
2011 年至今任职于盖朴（GAP）设计有限公司

代表项目
武汉王家墩 CBD 五星级酒店 / 大庆大厦

获奖项目
1. 嘉凯城·时代城：亚洲国际住宅人居协会、亚洲住宅与环境发展研究会亚洲国际住宅人居环境奖（2013）
2. 御景·新世界：新浪沈阳房产网沈阳最具影响力楼盘奖、沈阳年度豪宅风范奖（2012）
3. 重庆奥林匹克花园·奥山别墅：中国土木工程学会詹天佑奖·重庆优秀住宅小区金奖（2010）
4. 宾夕法尼亚大学佩雷尔曼高级医学中心：芝加哥协会"最佳的全球设计国际建筑奖"/ 世界建筑新闻（WAN）"医疗保健行业荣誉奖"/ 宾夕法尼亚州美国注册建筑师协会（SARA）"特别表彰设计奖"/ 美国绿色建筑协会"LEED 银级认证"（2010）
5. 大中华国际交易广场：第三届全球人居论坛"全球人居环境建筑设计奖"（2007）/"全球绿色商务大厦"（2007）/ 全国初步设计投标第一名（1996）
6. 重塑达德利：哈佛设计研究生院课程项目组第一名（2005）
7. 福田交通综合枢纽换乘中心：国际设计竞赛评委奖第一名（2003）
8. 大庆大厦：中国建筑工程总公司"优秀方案设计二等奖"（2001）/ 全国设计邀请赛第一名（1997）

天津华侨城聆水苑

设计单位：Steinberg 建筑事务所上海代表处
业主单位：天津华侨城实业有限公司

全国优秀工程勘察设计行业奖住宅与住宅小区
设计二等奖（2015）

设计团队：高艳蓉、曾虹、陈鸿、倪自良
项目地点：天津市
场地面积：93 400 ㎡
建筑面积：78 100 ㎡
设计时间：2010 年
竣工时间：2013 年

联排北立面草图

项目位于天津市东丽区东丽湖畔，位置优越，交通发达，环境优美。其中 C 地块地处华侨城的中心地段，三面环水，景色怡人，因此创造一个环绕湖水的亲水、生态住宅区自然成为总体规划的关键目标。总平面通过合理、有效的建筑布局、组合，形成"一轴一带两圈多岛"的格局，水景与建筑穿插"围合"，共同演绎了规划和建筑空间的"院落"意境。

聆水苑位于 C 地块的东南部，亲水宜居，包括花园洋房，叠拼、联排及双拼别墅等住宅产品。项目在建筑设计中使用英式 TUDOR 风格的设计元素，既适应基地的气候环境，又延续了当地的文化底蕴。在低层双拼和联排别墅设计中，打破相同户型简单组合的单调重复，将一栋住宅作为整体设计，更显高贵品质。外立面以天津特有的亮灰、砖红、砖灰和暖黄四种主调色彩为主，建筑典雅、高尚、稳重，注重细部。

长沙圭塘河生态景观区规划

设计单位：阿特金斯顾问（深圳）有限公司上海分公司
业主单位：湖南东润房地产开发有限责任公司

概念性规划设计竞赛第一名（2009）

设计团队：高艳蓉、景强、杨曦、康明德
项目地点：湖南省长沙市
场地面积：1 290 000 ㎡
建筑面积：1 580 000 ㎡
设计时间：2009 年

中部组团透视图

项目基地位于长沙市雨花区唯一的内河圭塘河河畔，沿河两岸宽 400 米，南北长 3 千米。基地基础设施配套完善，区位优越，是长沙"十一五"期间重点项目、雨花区明星工程。本项目功能包括住宅区、教育区、商业区和城市公园。规划旨在创建城市品牌、市区门户，将圭塘河环境融入生活。设计理念为"河谐生活"，蜿蜒长河寓意湘楚文化的悠久历史，象征长沙人追求自由的精神，设计力图营造人与自然、人与社会的和谐共生关系。

东西两侧的建筑和公园以卵形组团顺应曲河，有机地联系为一体，仿佛滨水的雨花石和橘子洲绿岛。组团内建筑群体的形式呈连续、有机的折线或曲线，也与曲河和谐统一。由南向北，规划特色从自由自然到规整都市，建筑组团的高度、密度逐级增加，从低层双拼、联排、多层花园洋房、高层住宅直到商业综合体。

吴庆瑜 1986 级

基准方中建筑设计有限公司 高级董事
西安分公司总经理 执行总建筑师
中国建筑学会建筑师分会理事
国家一级注册建筑师

1990 年毕业于天津大学建筑系，获工学学士学位
1998 年毕业于西安建筑科技大学，获城市规划硕士学位
2001 年毕业于比利时天主教鲁汶大学，获得人居环境学硕士、医院建筑学硕士、建筑
遗产保护学硕士学位

1990—1995 年任职于西安市建筑设计研究院
1995—1998 年任职于西安建筑科技大学
2001—2003 年任职于比利时路易－库曼建筑师事务所
2003—2009 年任职于北京正东国际建筑设计有限公司西安分公司
2009 年至今任职于基准方中建筑设计有限公司西安分公司

获奖项目
1. 龙湖 MOCO 国际：陕西省第十八次优秀工程设计二等奖（2015）
2. 新一代·伟业国际：全国人居经典建筑规划设计方案竞赛建筑金奖（2013）
3. 首创国际城北区商业：全国人居经典建筑规划设计方案竞赛建筑金奖（2013）
4. 芊域溪源：全国人居经典建筑规划设计方案竞赛规划、建筑双金奖（2013）

首创国际城

设计单位：基准方中建筑设计有限公司西安分公司
业主单位：西安首创新开置业有限公司

设计团队：吴庆瑜、邓飞、罗洁、郝晋升、同龙、付芹
项目地点：陕西省西安市
场地面积：220 893 ㎡（一期）
建筑面积：622 000 ㎡
设计时间：2011 年
竣工时间：2014 年

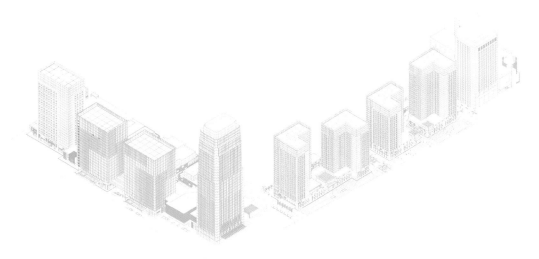

全景模型图

西安，一座历史积淀丰厚的城市，同时拥有历史的厚重和现代的人文气息。首创国际城项目位于西安市北客站南部1.2千米处，西临文景路，北临北三环，是进入西安市的门户项目。项目名为"国际城"，源自它的多样化功能，其建筑本身作为一个独立而复杂的混合体，包括商业中心、住宅、办公中心、酒店、SOHO公寓、国际会议中心等诸多功能。所以设计的优先目标是功能整合与业态分布，以确保最大化开发土地价值。设计总建筑面积约62万平方米。其中商业面积10万平方米，层数1~4层；办公建筑面积6万平方米，高度100米；超高层办公楼5.6万平方米，高度150米；公寓13万平方米，高度80~100米。

西安西咸新区沣东新城沣滨水镇·诗经里

设计单位：基准方中建筑设计有限公司西安分公司
业主单位：西安沣东城建开发有限公司

设计团队：吴庆瑜、苗宏强、周齐、杜思旻、李国龙、
抚海文、郭海峰、杨嘉欣、李明星、冉艺辉
项目地点：陕西省西安市
场地面积：30 700 ㎡
建筑面积：44 387.7 ㎡
设计时间：2016 年
竣工时间：2017 年（一期）

每个人都向往能够诗意地栖居在这片大地之上。沣滨水镇坐落在沣河东岸，与周代故都丰京和镐京相邻，在蒹葭苍苍、白露为霜的千年诗意中逐渐呈现在世人眼前。作为沣滨水镇的主题项目，"诗经里"的建筑设计致力于对中国传统建筑文化精神的传承——"设计源于自然"。2000 多年前，老子在《道德经》中曾道："人法地，地法天，天法道，道法自然。"

老子对于建筑的本质作了重要的论述："凿户牖以为室 当期无 有室之用。故有之以为利，无之以为用。" 从根本上指出空间是建筑营造的主体，而形式仅仅是塑造空间的工具。

总平面图

在"诗经里"，建筑师本着让建筑"回归自然，融于自然"的创作理念，采用原始与质朴的建筑形式，比如简单的坡屋顶、方正的建筑平面、灵活多变的庭院。同时，建筑也选用最自然的材料，如砖、瓦、石、原木、夯土等。在"诗经里"，建筑就好像从大地当中生长出来的一样。每一栋建筑，从外表看起来都有较多的相似之处，但是不同的组合方式却赋予每一个场所独特的场所精神。在"诗经里"，没有很大体量的建筑，也没有高于三层的建筑，这样建筑就能够有机地和景观融为一体。在"诗经里"，建筑师用自然朴素的建筑形式和材料表达空间与场景，让建筑融于自然。沣河东岸"诗经里"再次重现诗意的场景、诗意的生活，让诗意环绕你我，让诗经文化源远流长。

王一旻 1986 级

AECOM 中国区建筑设计部 副总裁
华南区建筑与人居环境区域负责人
国家一级注册建筑师
深圳市规划局专家评委
香港建筑师学会会员
高级建筑师

1990 年毕业于天津大学建筑系，获工学学士学位

1990—1993 年任职于核工业部第四设计院
1993—1998 年任职于深圳大学建筑学院
1998—2003 年任职于深圳市招商建筑设计有限公司
2007—2009 年任职于城脉建筑设计（深圳）有限公司
2009 年至今任职于 AECOM 中国区建筑设计部

代表项目

成都新津老君山项目 / 深圳龙岗红荷颐安都会二期 / 唐山凤凰新城 / 招商渔二村项目 / 成都花样年·喜年广场 / 深圳春华四季园 / 深圳新天国际名苑 / 青岛北区中央商务区卓越大厦 / 广州国家音乐基地 / 龙岗宝炬大厦 / 深圳星河雅宝高科创新园 / 伊宁文化创意产业园 / 武汉武钢北库地块商业综合体 / 三亚水居巷二期综合体 / 奥康达大厦 / 联泰汕头南滨路项目 / 星河南沙东湾村 / 清水河城市更新项目 / 联泰南昌红角洲 A-19-2 地块商业综合体项目 / 三亚海棠湾酒店 / 新疆喀什卡尔森酒店 / 星河常州西太湖万丽酒店 / 招商罗湖贝岭居项目

获奖项目

1. 深圳星河世纪广场：全国优秀工程勘察设计行业奖（2009）
2. 成都花样年·喜年广场：深圳市第十四届优秀工程勘察设计二等奖（2010）

深圳星河世纪广场

设计单位：AECOM
业主单位：星河集团

全国优秀工程勘察设计行业奖（2009）

设计团队：王一旻、王俊敬、王国安、徐峥、陈劲松、
莫建文、张瑞华、刘兴堂、吴世鹏、王芳、王伟平、管彤、
胡起良、刘雪峰、王凤华
项目地点：广东省深圳市
场地面积：11 700 ㎡
建筑面积：156 626.21 ㎡
设计时间：2007 年
竣工时间：2006 年

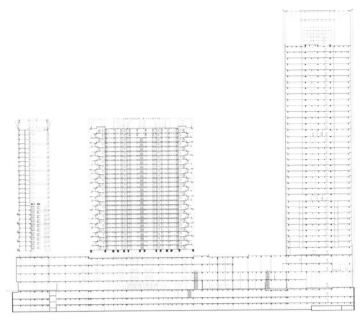

立面图

星河世纪广场位于深圳中心商务区 (CBD) 彩田路和深南大道交会处，是深圳 CBD 东端主要的标志性建筑物。建筑综合体由超高层办公塔楼、两栋公寓塔楼和连接它们的 4 层商场裙楼组成，办公塔楼总高度为 170 米，39 层。

办公塔楼的"门式"造型简单却对比强烈，具有很强的标志性。公寓塔楼立面结合自身的特点，通过两层一格的处理，获得开朗的表情，并不介意在肌理上与办公楼有所差别，但在较大尺度层面上与办公裙楼设计手法保持一致。裙楼大尺度的框式造型与主题塔楼协调，并在沿街勾勒出恢宏的城市广场，强化了综合体的完整性。办公塔楼及商业裙楼的外墙材料主要为玻璃及石材幕墙，公寓塔楼外立面为面砖及涂料，整体效果展示出较高的品质。

深圳福年广场

设计单位：AECOM
业主单位：花样年集团（中国）有限公司

设计团队：王一旻、李湘君、张瑞华、陈国强、
蔡浩然、张秋红、孙忠林、陈伟、王春霞、何宏汉、
李璐、陈运明、詹颖慧、刘定、王伟华
项目地点：广东省深圳市
场地面积：18 700 ㎡
建筑面积：67 587 ㎡
设计时间：2011 年
竣工时间：2014 年

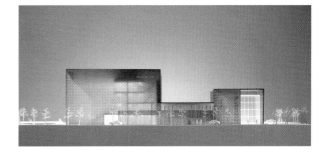

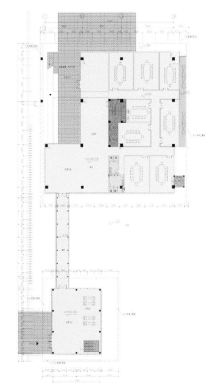

首层平面图

本项目位于深圳市福田保税区三号门附近, 地块北面为超高层建筑, 南侧为两栋多层建筑, 东西侧暂为待建空地。项目的用地性质属于仓储用地, 用地周围交通便利, 地块东临紫荆路, 西临红棉路, 南临金花路, 北临市花路。项目限高40米, 与北侧超高层及西侧待建超高层的建筑高度相差悬殊, 因而本方案力图加大沿街面长度, 营造内景观环境, 用内庭院广场把两侧超高层建筑对本项目的压迫感尽量减小, 从而使其不同于普通单调的仓储类建筑; 既有自成一体的城市空间, 又能结合周边建筑, 起到城市空间的过渡、连续作用。

成都花样年·喜年广场

设计单位：AECOM
业主单位：成都花样年集团

深圳市第十四届优秀工程勘察设计二等奖（2010）

设计团队：王一旻、刘兴堂、王国安、
徐峥、陈劲松、程永波、夏学智、赵颖、
杨晓冬、汪漫、冯平、赵利静、王子佳、
王力成、王伟华
项目地点：四川省成都市
用地面积：9 000 ㎡
总建筑面积：132 093.42 ㎡
设计时间：2007 年
竣工时间：2010 年

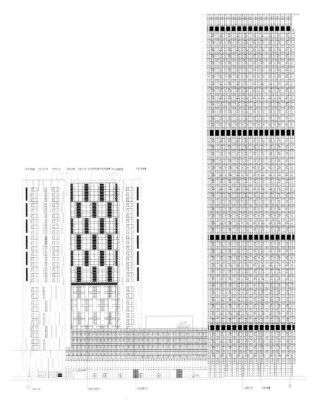

立面图

项目位于成都市中央商业区外围的东大街，是成都已建成的最高建筑，由东西两座塔楼及与之相连的商业裙楼组成。

在东塔楼的设计上，考虑到标准层面积小，力求做到体量单一完整，顶部造型简洁而鲜明，具有较强的标志性。立面结合建筑性质以竖向线条肌理为主，对比横线条，追求时尚而亲切的效果。西塔楼呈 L 形，结合内部功能的竖向划分处理体量及立面肌理，与东塔楼协调。裙楼 1、2 层通透的落地玻璃营造出良好的商业氛围；3 至 6 层完整的竖向玻璃密肋幕墙提供了干净完整的立面，保证了商业裙楼的品质，也是功能的反映；2 层的雨棚提供了开敞的骑楼空间。

成都西部国际金融中心

设计单位：汉米敦（上海）工程咨询股份有限公司
业主单位：成都泰信建设有限公司

项目地点：四川省成都市
场地面积：16 438 ㎡
建筑面积：294 000 ㎡
设计时间：2010 年
竣工时间：2016 年

徐 石 1986 级

汉米敦（上海）工程咨询股份有限公司 董事总经理、总建筑师

1990 年毕业于天津大学建筑系，获工学学士学位
2010 年毕业于清华大学经济管理学院，获高级工商管理硕士学位

2000—2009 年任职于英国阿特金斯工程集团（中国）
2010 年至今任职于汉米敦（上海）工程咨询股份有限公司

代表项目
天津泰达 MSD 城市商务中心发展项目 / 上海佘山世茂酒店 / 乌海滨河五星级酒店 / 上海松江新区泰晤士小镇 / 上海佘山银湖别墅二、三期概念性总体规划 / 上海松江广富林旅游小镇 / 黄山悦榕轩度假别墅及文化体验中心 / 成都国际西部金融中心 / 沈阳北中街豫珑城 / 宜兴万达商业广场 / 上海松江万达商业广场 / 新加坡德明中学外籍学生公寓方案设计及施工图设计 / 新加坡 New National Heart Center 方案设计 / 新加坡 Tampinis Polyclinic 方案设计

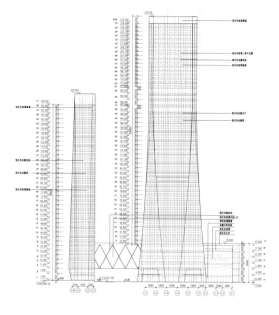

立面图

本项目地处成都市中心，坐落在未来的东大街金融街上，建成后，其将以 240 米的高度成为成都市中心新的地标建筑。设计从现有的基地条件分析入手，在建筑形式、功能组织、室内外空间的营造上，充分融合现代的建筑语言，力图在这座新地标建筑上体现出技术的先进性、形象的标志性和环境的协调性。

设计的出发点是要打造一个标志性建筑群体。一栋标志性建筑无论是以其高度还是形体，在城市群体建筑中始终会略显单薄。本项目根据其基地的特色，将建筑组合成一个群体，从而增强其在城市中的视觉和感觉冲击力，提高其商业价值。这种通过多栋相似的塔楼群强化建筑价值的做法，在世界乃至中国都有很多成功案例，如英国伦敦的 Bishopsgate，美国洛杉矶的 Crocker Center 以及北京的王府井购物街等许多成功的项目都承袭了这一设计手法。

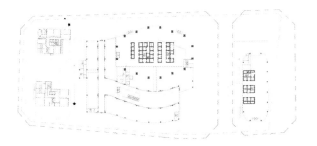

首层平面图

为了实现打造建筑群的目标，首先，在总体布局上，设计方使用曲线的裙房外形，寓意"川"和"水"的同时，将两块用地内的主楼和银行副楼有机地结合起来，并且利用曲线"自然伸张"的态势，打造裙楼和两栋住宅楼形似连接的趋势。建筑群在总体上自然划分出三个大型广场。第一个广场位于东大街，由喜年广场、银行副楼和主楼围合。第二个广场位于裙房东侧，由商业裙房、红布正街和清安街围合，功能上结合了商业区的主要人行入口，形成商业室外广场。这两个广场通过景观和室外标高设计，争取做到广场无障碍衔接，使来自东大街的人流和地铁站的人流可以顺利进入基地的商业裙房，有利于商业业态的发展。第三个广场由两栋住宅楼和商业裙房界定，面向南侧的镗钯街，为住宅入口广场，在住宅和商业街之间使用绿化间隔，避免商业街给住宅带来噪声影响。最后，在建筑单体设计上，设计在注重每幢塔楼拥有各自的独特之处的同时，又通过相似的建筑语言和材料，体现出建筑在总体上的协调性。

云南苍海一墅

设计单位：汉米敦（上海）工程咨询股份有限公司
业主单位：大理实力夏都置业有限公司

项目地点：云南省大理市
场地面积：979 628.33 ㎡
建筑面积：395 800.15 ㎡（一期）
设计时间：2015 年
竣工时间：2015 年

适度共享与开放是大理的生活方式，也是此次设计最核心的理念。设计师整合场地可利用的资源，将它们巧妙地组织到总体规划布局中，作为苍海一墅小镇的重要组成部分；同时联系希尔顿酒店与国道形成了一个完整的系统作为市镇的公共核心区，把原来孤立的内容串联为一个连续的公共活动场景，包括山顶原生态公园、运动公园、希尔顿酒店、艺术家聚落、会所休闲区、茶马古道休闲带、美食聚落和商业聚落等。

合院包括 U 形院落及三坊一照壁两个主题。在占地相同的情况下，合院的用地形状从正方形调整为水平长方形，更为适应缓坡式的现状地形。三围合 U 形院落是大理最典型的、整体性能与舒适度最好的院落形式，在采光、遮阳、挡风等方面都非常合理，最适合大理的气候特征。所有房间和客厅按 U 形围合成一个公共院落，组成一组较为宽敞而舒适的共享公共空间，拥有最好的家庭气氛和互动感。四个居住单元都有相同的景观资源和性能，便于客户集体购买。

广州增城万达嘉华酒店

设计单位：汉米敦（上海）工程咨询股份有限公司
业主单位：万达商业规划研究院有限公司

项目地点：广东省广州市
场地面积：36 000 ㎡
设计时间：2012 年
竣工时间：2014 年

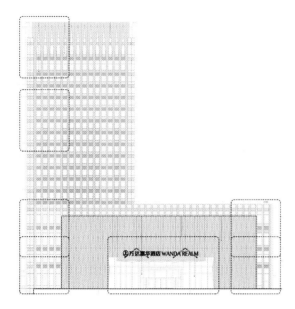

立面图

项目为万达集团旗下五星级酒店，地处广州增城 CBD 核心的万达广场商圈，毗邻大型商业中心、万达 IMAX 影城等多功能城市商业体，集居住、休闲、娱乐、办公、文化等功能于一体，主体建筑地下 2 层、地上 17 层，总面积达 3.6 万平方米。

项目主入口简洁大方，使用超长悬挑雨棚和金属铝材增强厚实感，磅礴气势油然而生。雨棚顶部延续主体建筑的三角锥形，金黄色半透明材质与入口门框石材突显建筑的高贵气质。项目立面强调竖向，并采用浅色调以减弱建筑体块对视觉的冲击，楼层间玻璃倾斜拼接，从而丰富立面造型，增强建筑的空间感。竖向铝材凸出墙面的处理手法突显出建筑主体挺拔且富有张力，主体与裙房顶部采用收缩处理，使建筑更加具有活力，同时也增强了建筑的空间层次感。灯光增强了立面设计语言，锥体造型在灯光下动感十足，交错中又不失秩序，而玻璃下凹部分更显深邃。细部设计注重材质转换拼接处理及相同材质的分割比例，同时铝材与玻璃幕墙的锥体造型形成了强烈的虚实对比。

西安万科大明宫

设计单位：汉米敦（上海）工程咨询股份有限公司
业主单位：万科（西安）房地产有限公司

项目地点：陕西省西安市
场地面积：75 300 ㎡
建筑面积：241 270 ㎡
设计时间：2011 年
竣工时间：2016 年

项目基地位于西安市城北、太华路西南角、玄武路以北，紧临大明宫国家遗址公园。本项目尊重大明宫历史文脉，呼应周边自然环境，以唐代的城市规划理念打造项目规划骨架，延续西安古城的整体脉络及格局，采用传统"中轴进制"的规划理念，提炼"城池""书院"的空间序列，以城市广场、阳光通廊、水景广场、冬宫夏苑等组成中轴线的中心公共空间，以体现古代形制的严谨。项目通过空间的层层递进及尺度的开阖对比，恢复传统西安独特的空间体验，以开放包容、大气磅礴的大明宫国家遗址公园为核心，构建帝王龙脉之上的国际居住区。

徐子苹 1986 级

深圳湃昂国际（PHA） 设计董事
中国建筑师学会会员
国家一级注册建筑师

1990 年毕业于天津大学建筑系，获工学学士学位
2004 年毕业于香港大学建筑系，获博士学位

2003—2005 年任职于香港 AEDAS(凯达环球)
2005—2007 年任职于贝诺 Benoy
2007—2013 任职于香港 AEDAS(凯达环球)
2013 年至今任职于深圳湃昂国际（PHA）

代表项目
中国深圳正中置业科新科学园 / 香港置地（重庆）约克郡商业综合体

获奖项目
1. 中国武汉巨星资源时尚中心：亚太房地产大奖中国区最佳零售类建筑设计五星金奖（2017）/ 入围 2017 国际房地产大奖（2017）
2. 中国济南鲁能领秀公馆：亚太房地产大奖中国区最佳休闲类建筑设计五星金奖（2017）/ 入围 2017 国际房地产大奖（2017）
3. 中国深圳正中置业科兴科技园 D4 塔楼：世界建筑节奖 – 办公室 – 未来项目类别提名名单（2017）
4. 中国昆明万科魅力之城：亚太房地产大奖中国区最佳综合体建筑五星金奖（2016）
5. 中国重庆房地产职业学院图书馆：亚太房地产大奖中国区最佳公共服务建筑五星金奖（2016）
6. 中国重庆渝北圣名世贸城：国际房地产大奖 (2015)/ 国际最佳休闲建筑大奖亚太区最佳休闲建筑大奖 (2015)/ 中国区最佳休闲建筑五星金奖 (2015)
7. 中国昆明俊发东风广场（春之眼）：国际房地产大奖 (2015)/ 国际最佳商业零售建筑大奖亚太区最佳商业零售建筑大奖 (2015)/ 亚太房地产大奖中国区最佳商业零售建筑五星金奖 (2015)

重庆星光时代广场

设计单位：香港 AEDAS(凯达环球) 公司
业主单位：协信控股集团

设计团队：徐子萃、周建瑜
项目地点：重庆市
场地面积：466 500 ㎡
建筑面积：135 000 ㎡
设计时间：2008 年
竣工时间：2011 年

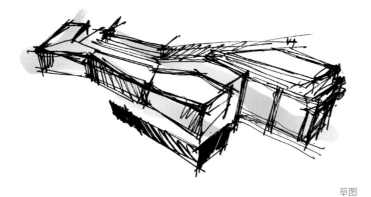

草图

协信·星光时代广场位于南坪环道商业核心圈，总建筑面积24万平方米。玻璃天幕引入外部阳光，使购物者不觉得压抑，舒适度高。广场拥有八大业态规划（生活大道、运动大道、时尚大道、名品大道、美食大道、娱乐大道、青春大道、潮流大道）、三个主题广场和一条西南最大的室内步行街（商业步行街），是重庆轨道交通最完善的购物中心（有轻轨3号、4号线和环线经过）。

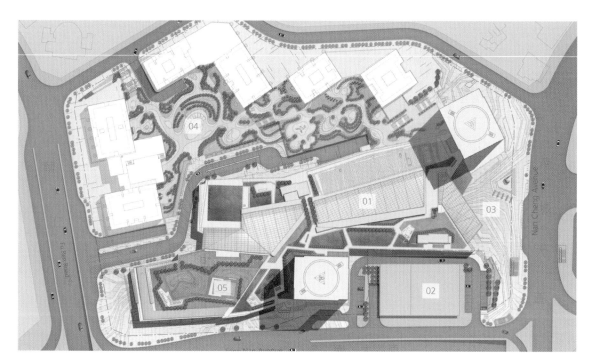

总平面图

建筑造型设计试图利用富有动感的折线和体块以及强烈的色彩创造一个既实用又具有强烈个性和气质的标志性商场建筑。由于场地现有条件的限制，商场建筑除百货主力店部分外，大部分主体被金信大厦遮挡，为了突出商场的主入口和塑造商场的标志性展示面，设计师刻意使建筑的各主要元素在东面形成交叉点，形成对城市的地标阐述。整座建筑设计得充满激情、动感，各个元素在对比和冲突中实现平衡，个性鲜明，符合城市功能并满足地标性建筑的要求。

重庆 SFC 协信中心

设计单位：香港 AEDAS（凯达环球）公司
业主单位：协信控股集团

设计团队：徐子苹、周嘉瑜
项目地点：重庆市
场地面积：170 000 ㎡
建筑面积：210 000 ㎡
设计时间：2011—2013 年
竣工时间：2016 年

方案以简洁流畅的形态表现当代建筑，尽量简化建筑语言，在建筑形式上以抽象的几何造型，如直线条、方形体块等构成素雅大方、富于光影变化的新建筑。设计讲究建筑细部的精美处理，通过高科技、可持续的技术手段，将建筑打造成一种精致、耐人寻味和功能实用的艺术品。

方案造型概念取材于重庆山城两江汇聚、山水相依的独特的地貌特征，以高耸的山峰、丛林、飞落的瀑布等作为形象灵感，从"岩石"（实墙开窗）部分作为核心，"流水"（简洁的隐框玻璃幕墙）从岩石的一面飞坠而下，闪亮的"瀑布浪花"（发光的竖向金属棱条）环绕"岩石"与"瀑布"，最后以"柔水绕石"精彩地结束。主塔楼与裙楼顶部相接处向外自然张开，恰似"瀑布"在坠落地面的瞬间水花四溅。建筑的整体造型结合重庆山水相依的特点，大气简洁、一气呵成，创新地创造了顶部及塔楼与裙楼相接处的亮点空间，形成项目的标志点，创造了金融街地标性的形象设计。

滑际珂 1986 级

天津中天建都市建筑设计有限公司 总经理

1990 年毕业于天津大学建筑系，获工学学士学位
1997 年毕业于天津大学建筑设计研究院，获硕士学位

1990—1993 年任职于天津铁道第三勘察设计院
1997—1999 年任职于天津大学建筑设计研究院
1999—2003 年任职于天津天马国际建筑设计工程有限公司
2004 年至今任职于天津中天建都市建筑设计有限公司

个人荣誉
第七届中国建筑学会青年建筑师奖（2008）

代表项目
天津北塘古镇中式大院 / 天津正信俊城浅水湾住宅小区 / 天津金地格林小城 / 天津北塘清河会馆

获奖项目
1. 天津曲院风荷住宅小区会馆：全国优秀工程勘察设计行业奖建筑工程类二等奖（2013）/“海河杯”天津市优秀勘察设计奖建筑工程类二等奖（2013）
2. 天津格调竹境住宅小区：“海河杯”天津市优秀勘察设计奖住宅类一等奖（2012）
3. 天津海关大厦及国际贸易中心：“海河杯”天津市优秀勘察设计奖建筑工程类二等奖（2009）
4. 天津正信俊城浅水湾住宅项目：“海河杯”天津市优秀勘察设计奖住宅类三等奖（2006）
5. 天津清华德人办公楼：“海河杯”天津市优秀勘察设计奖建筑类二等奖（2006）

格调林泉会馆

设计单位：天津中天建都市建筑设计有限公司
业主单位：天津泰达建设集团有限公司

设计团队：滑际珂、武超、田园、宋杨
项目地点：天津市
占地面积：21 394 ㎡
建筑面积：97 956 ㎡
设计时间：2013 年
竣工时间：2015 年
摄影师：姚力

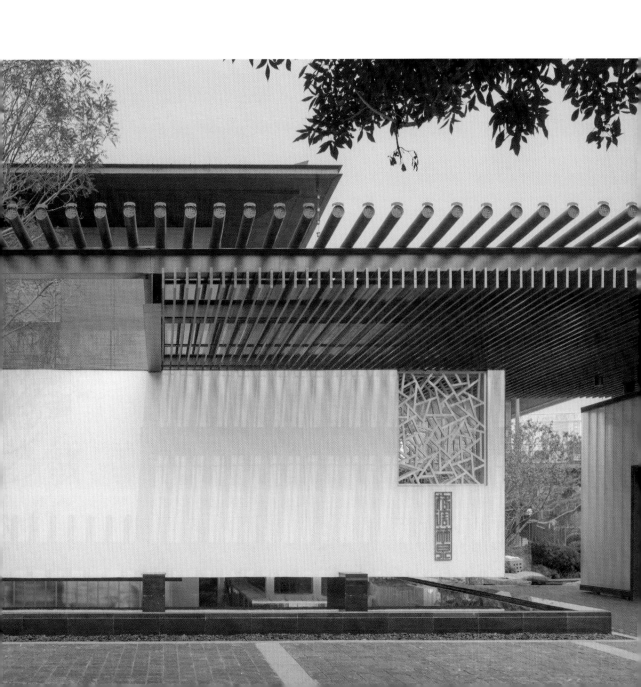

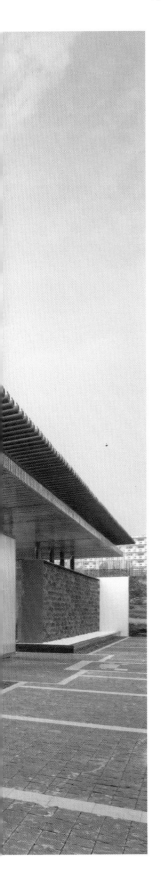

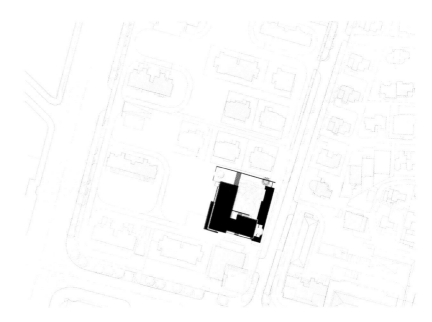

总平面图

在格调林泉会馆的建筑设计中，建筑师尝试将密斯·凡德罗式的现代流动空间和传统的中国私家园林的游走流线糅合在一起。在迷你的庭院空间里，不同层次的风景组织在游走的线路上。建筑师力图用当代材料去建构传统感觉。格调林泉运用园中园的手法来引导人们的注意力，从而使居住者得到比较舒适的体验。中国传统文化常以小见大，在小空间中摆布适合居住尺度的园林结构，特别适合城市普通中产阶级在都市钢筋水泥的丛林中找寻一湾心灵的宁静之所。

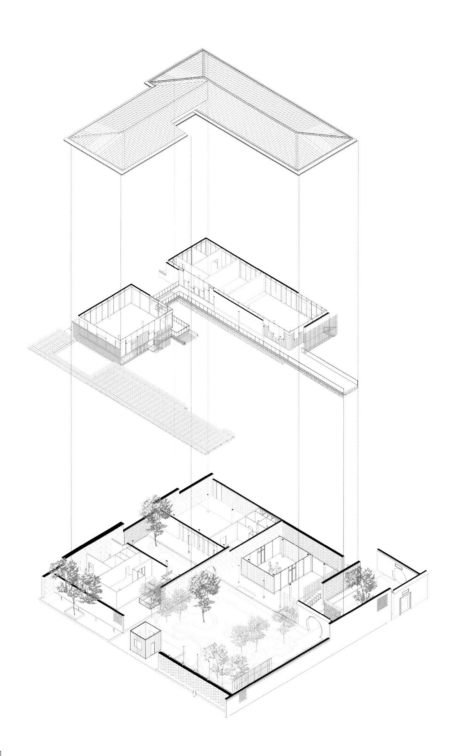

轴测图

卞洪滨 1986 级

天津大学建筑学院 教授
国家一级注册建筑师、注册规划师
中国建筑学会会员

1990 年毕业于天津大学建筑系，获工学学士学位
1996 年毕业于天津大学建筑系，获城市规划与设计硕士学位
2010 年毕业于天津大学建筑学院，获建筑学博士学位

1990—1993 年任职于交通部第一航务工程勘察设计研究院
1996—1999 年任职于天津大学建筑设计规划研究总院
1999—2003 年任职于天津华汇工程建筑设计有限公司
2003 年至今任职于天津大学建筑学院

获奖项目
1. 天津大学第 26 教学楼："海河杯"天津市优秀勘察设计奖一
等奖（2010）/ 全国优秀工程勘察设计行业奖三等奖（2011）/ 中
国建筑学会建筑设计银奖（2013）
2. 天津大学北洋园校区计算机软件教学组团："海河杯"天津市
优秀勘察设计奖一等奖（2016）
3. 北京语言大学综合楼："海河杯"天津市优秀勘察设计奖二等
奖（2016）
4. 天津工业大学新校区科研中心：全国优秀工程勘察设计行业奖
三等奖（2013）/"海河杯"天津市优秀勘察设计奖二等奖（2013）
5. 天津中建·御景华庭居住小区：全国人居经典建筑规划设计方
案竞赛规划建筑金奖（2012）/ 全国优秀工程勘察设计行业奖三
等奖（2013）
6. 德州中建华府居住小区：全国人居经典建筑规划设计方案竞赛
规划金奖（2010）/ 教育部优秀工程勘察设计三等奖（2013）

北京语言大学综合楼

设计单位：天津大学建筑设计规划研究总院
业主单位：北京语言大学

设计团队：卞洪滨、张大昕、张锡治、尚 海、李德新、
孟祥良、刘洪海、杨成斌、杨廷武、秦墨青、杨永哲、
费添慧、王品才、柏新予、蔡节、丁永君
项目地点：北京市
场地面积：12 777 ㎡
建筑面积：80 565 ㎡
设计时间：2006—2008 年
竣工时间：2014 年

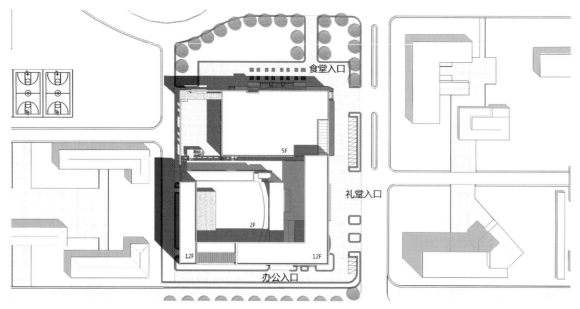

总平面图

北京语言大学位于海淀区学院路，基地用地紧张。新建综合楼位于校园南门处，地上建筑面积 6.5 万平方米。12 层的办公楼及汉语水平考试中心位于基地南部，紧临城市道路，三面围绕 1 200 座的礼堂呈 U 形布置。礼堂位于用地中部，其东侧设一立体文化广场，面对校园集中绿地，通过大台阶连接地面与二层门厅；北部五层高，为三层的学生食堂和两层的特色餐厅；地下两层为集中的食堂蒸饭间和地下车库。建筑高度由南向北逐渐跌落，营造出校园内部宜人的尺度。

为确保场地中校园内唯一的既有食堂在建设过程中的正常使用，首期建设北部的食堂餐厅，待建成后再拆除原有食堂，继续建设剧场和办公楼。项目的总体布局流线清晰、互不干扰，同时力求各功能空间紧凑高效、空间调整灵活。建筑造型上，借鉴中国印章虚实相生、计白当黑的布局手法，使建筑整体形象刚柔相济，充满古拙苍劲的金石气息。通过简洁、现代的雕塑手法，运用规整的形式、强烈的虚实对比、丰富的空间层次以及石材、玻璃、铝板等材料的配置，使建筑具有丰厚的文化意韵，力求在大体量的现代建筑上体现中国文化的特色。

蔡 明 1987 级

开朴艺洲设计机构（C&Y）董事长、总建筑师
中国城市发展研究院规划院南方中心主任
天津大学建筑学院（深圳）建筑研究院办公建筑所负责人
深圳市住建局、规划局评标专家
深圳市水彩画协会会员

1991 年毕业于天津大学建筑系，获工学学士学位
1994 年毕业于天津大学建筑系，获工学硕士学位

2002 年任职于香港华艺设计顾问有限公司
2003 年创建美国开朴建筑设计顾问有限公司
2010 年至今任职于开朴艺洲设计机构(C&Y)

代表项目
深圳福田区第二办公大楼 / 深圳光大银行 / 张家港农村商业银行 / 建设局办公大楼 / 深圳地税局观澜分局 / 徐州行政中心 / 成都蓝谷地 / 东莞松山湖紫檀山 / 东莞行政中心 / 深圳皇都广场 / 深圳现代国际大厦 / 张家港爱康大厦 / 桂林彰泰清华园 / 西安紫薇东进销售中心 / 深圳满京华云著花园 / 西安紫薇尚层 / 深圳中粮天悦壹号 / 深圳中粮凤凰里

获奖项目
1. 深圳中粮一品澜山：深圳市第十六届优秀工程勘察设计二等奖（2015）
2. 银川市文化艺术馆暨老年大学：第二届深圳建筑工程施工图编制质量银奖和建筑专业奖（2014）
3. 北京中国建筑文化中心：全国第十届建设部优秀工程设计项目银奖（2002）/ 中国建筑工程总公司第五届海外工程一等奖（2000）
4. 紫薇、曲江意境：全国人居经典建筑规划设计方案竞赛规划金奖（2010）/ 中国房地产最具创新竞争力示范楼盘（2010）
5. 深圳西城上筑：深圳市第十四届优秀工程勘察设计三等奖（2010）
6. 深圳福田区区委政府办公综合楼：深圳市年度优秀工程设计一等奖（2001）
7. 深圳创维数字研究中心：中建总公司年度优秀工程设计一等奖（2004）
8. 南海怡翠花园：广东省年度优秀规划设计二等奖（1999）

张家港爱康大厦

设计单位：开朴艺洲设计机构（C&Y）
业主单位：爱康科技集团

设计团队：蔡明、韩嘉为、杨浩、贺思海
项目地点：江苏省张家港市
场地面积：12 727 ㎡
建筑面积：62 545 ㎡
设计时间：2011 年
竣工时间：2015 年

草图

项目是张家港市动漫产业园建筑组群的重要门户形象，构思来源于爱康集团光伏产业的高科技特点。设计将主体塔楼切割成为南北两片，通过一系列斜切扭转，构成具有动感与张力的风帆意象，令塔楼造型具有强烈的视觉冲击力。同样的设计手法贯穿于裙房与广场景观等设计空间，产生一系列灰空间和富有雕塑感的形体组合，借助幕墙和石材等现代材料的衬托，展现令人印象深刻的个性化创作；同时在功能设计上独创总裁专属交通服务体系和顶层企业会所，营造总部办公大气尊贵的空间体验。

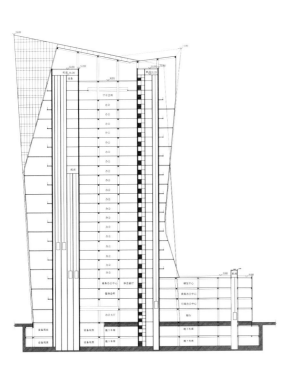

剖面图

深圳现代国际大厦

设计单位：开朴艺洲设计机构（C&Y）
业主单位：深圳市现代城房地产开发有限公司

设计团队：蔡明、韩嘉为、张伟峰
项目地点：广东省深圳市
场地面积：4 025 ㎡
建筑面积：69 499 ㎡
设计时间：2005 年
竣工时间：2007 年

深圳现代国际大厦的塔楼与裙房设计尽最大可能与周边的建筑相协调，骑楼、裙房和建筑主体竖向线条的设置均呼应总体布局的要求。建筑的轴线和主体造型根据深圳市规整的城市布局结构和 SOM 对该区城市规划的指导，强调角部节点相互统一协调，设计方最终确定了建筑的轴线和建筑的特殊处理节点。

对于建筑的主体造型，设计方在众多的尝试中最终确定了以简洁方正为主的造型：一方面，形成最有效的办公空间；另一方面，简洁方正可使形体的完整性更强、造型更挺拔。建筑主体西北角局部采用三角形切割的手法进行了特殊处理，在符合规划要求和与周边建筑协调的同时，给人以钻石般闪亮的视觉冲击感。

惠州美地花园城三期

设计单位：开朴艺洲设计机构（C&Y）
业主单位：惠州市美地房地产开发有限公司

设计团队：蔡明、韩嘉为、张伟峰、杨浩
项目地点：广东省惠州市
场地面积：9 093 ㎡
建筑面积：85 785.6 ㎡
设计时间：2007 年
竣工时间：2008 年

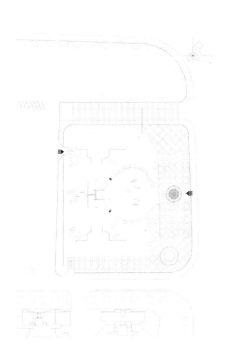

设计团队在总平面布局上经过反复的比较分析，最终以两个手枪形体的塔楼形成一栋连体住宅，围合出一个良好的城市空间院落，且在连体住宅楼南北向之间留有39米视觉通廊。此建筑形体使住宅楼有最大外墙面积的同时拥有最多的南向和西南向住户，并使得两者之间拥有完整的小区花园，同时减少两者之间的对视干扰。商场沿道路设置于塔楼的底层，以争取商业利益的最大化和对小区花园干扰的最小化。在小户型高容积率的高层住宅平面设计中，如何对公共领域进行设计是非常关键的。

在本项目设计中，设计团队始终坚持"以人为本"的住宅设计原则，提出改善小户型公共领域的新手法。

（1）开放公共部分，加强通风采光，将空中院落及空中外廊设计成社区中具有公共社交性质的空间。

（2）提出空中组团四合院概念，形成由多个入户节点相连的三个组团院落，住户感觉不到本层有较多的户数，解决了小户型住宅外廊过长的问题。

（3）核心筒周边形成两个主庭院，住户一出电梯厅即可感受到视线开敞的庭院空间景观。

总平面图

李兴钢 1987 级

中国建筑设计研究院有限公司 总建筑师
李兴钢建筑工作室主持人

1991 年毕业于天津大学建筑系，获工学学士学位
2012 年毕业于天津大学建筑学院，获建筑设计及其理论专业博士学位

1991 年至今任职于中国建筑设计研究院有限公司

个人荣誉
中国青年科技奖
中国建筑学会青年建筑师奖
亚洲建筑推动奖
THE CHICAGO ATHENUM 国际建筑奖
中国建筑艺术奖

代表项目
绩溪博物馆 / 复兴路乙 59-1 号改造 / 建川文革镜鉴博物馆暨汶川地震纪念馆 / 元上都遗址工作站 / 海南国际会展中心 / 纸砖房

天津大学北洋园校区综合体育馆

设计单位：中国建筑设计研究院有限公司
业主单位：天津大学

设计团队：李兴钢、张音玄、闫昱、易灵洁、梁旭、任庆英
项目地点：天津市
场地面积：75 000 ㎡
建筑面积：18 362 ㎡
设计时间：2011—2013 年
竣工时间：2015 年
摄影：孙海霆、张虔希

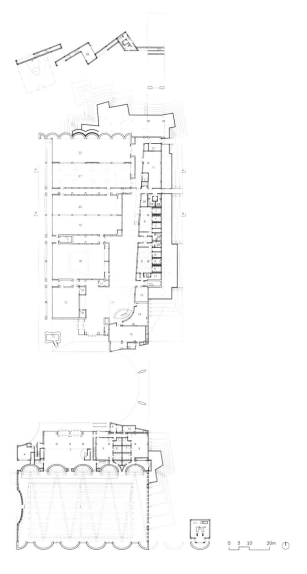

首层平面图

天津大学北洋园校区综合体育馆位于校前区北侧，包含体育馆和游泳馆两大部分，以一条跨街的大型缓拱形廊桥将两者的公共空间串通。各类室内运动场地依其对平面尺寸、净空高度及使用方式的不同要求紧凑排列，并以线性公共空间迭加、串联为一个整体。一系列直纹曲面、筒拱及锥形曲面的钢筋混凝土结构带来大跨度空间和高侧窗采光，在内明露木模混凝土筑造肌理，在外形成沉静而多变的建筑轮廓。极限运动区通过不规则铺展的室外台阶看台，可以一直延伸到公共大厅波浪形渐变的直纹曲面形屋面。东侧长达 140 米的室内跑道，为大厅带来突显屋面形状的自然光线和向远处延伸的外部景观，如此成为一个室内与室外、地面与屋面连为一体的"全运动综合体"。

朱 玲 1987 级

沈阳建筑大学建筑与规划学院 党委书记、教授、博士生导师
国家一级注册建筑师

辽宁省工程设计大师
辽宁省特聘教授
辽宁省"百千万人才工程"百人层次
全国高等学校风景园林专业教育指导委员会委员
中国花卉园艺与园林绿化行业协会副秘书长
中国建筑学会建筑师分会建筑策划专委会第一届副主任委员
辽宁省建筑师学会常务理事

1991 年毕业于天津大学建筑系，获工学学士学位
2001 年毕业于哈尔滨工业大学建筑学院，获工学硕士学位
2008 年毕业于天津大学建筑学院，获工学博士学位

1991—1995 年任职于沈阳铝镁设计研究院
1995—1998 年任职于沈阳建筑工程学院（现已更名为沈阳建筑大学）建筑设计研究院北海分院
1998 年至今任职于沈阳建筑大学建筑与规划学院

代表项目
沈阳市景观生态特征与绿地系统研究 / 沈阳市重点街路景观改造研究 / 沈阳市新城区银河街景观改造研究 / 沈阳工业学院文体中心策划研究 / 沈阳沈北新区重点街路改造与景观规划 / 德中合作抚顺地产项目规划研究 / 铁西工业文化走廊研究 / 基于低碳视角的辽宁城镇水域景观设计研究 / 沈阳于洪区雕塑规划及主要节点雕塑设计 / 营口体育学校及体育局规划建筑设计研究

获奖项目
1. 沈阳经济区暨沈阳市基础设施规划及对策研究：辽宁省优秀勘察设计一等奖（2003）
2. 兴城文化遗址保护与管理：欧盟"亚洲城市计划"排名第三（2004）
3. "小城镇住宅建设技术政策研究"：辽宁省科学技术二等奖（2008）
4. "城乡滨水景观生态规划控制技术及应用研究"：辽宁省科学技术奖励二等奖（2009）
5. "城市滨水生态建设规划研究"：辽宁省优秀工程勘察设计奖一等奖（2009）
6. "海城河景观生态规划及城市设计研究"：辽宁省优秀勘察设计三等奖（2010）

沈阳森林动物园熊猫馆

设计单位：HA+ 建筑方案创意工作室、沈阳建筑大学建筑设计研究院
业主单位：沈阳棋盘山文化产业集团有限公司

设计团队：朱玲、刘一达、李博浩、冷雪冬、魏宜、
孟航旭、胡振国
项目地点：辽宁省沈阳市
场地面积：27 025 ㎡
建筑面积：9 263 ㎡
设计时间：2016 年
竣工时间：2017 年

剖面图

　　"林断山明竹隐墙，寻斑踏影茎枝长。杖藜徐步转清渠，竹叶映水细细香。"熊猫闲庭信步，游人自在其中，项目设计之初，设计师选择原竹作为熊猫馆的主要建筑材料，以求达到熊猫和游客的双重精神升华。沈阳森林动物园位于棋盘山国际风景旅游开发区内，熊猫馆场地位于动物园南侧，场馆及附属建筑依山势而建，建筑空间和屋顶均顺势形成天际线，以求上下呼应，极富吸引力。熊猫馆的参观流线从南到北循序渐进，将大熊猫馆作为整个建筑序列的高潮，先让游客经过一个个由竹篷支撑的柱子形成的广场，使游客有种处于森林之中的感受。在广场的末端设计将人流引入大熊猫馆，使游客有种置身于熊猫生活环境中的感受，最大限度地降低了人与熊猫之间的隔阂。设计以原竹为主要元素打造景观，游人入目皆盛景，呼吸树木花草的清新，与国宝熊猫感受相同的环境。

总平面图

何 捷 1988 级

天津大学建筑学院 副教授

1993 年毕业于天津大学建筑系，获工学学士学位
1996 年毕业于天津大学建筑系，获工学硕士学位

1996—1999 年任职于天津大学建筑学院
2005—2011 年任职于香港中文大学太空与地球信息科学研究所
2011 年至今任职于天津大学建筑学院

代表项目
香港中文大学霍英东遥感科学馆 / 香港中文大学逸夫书院校友园

获奖项目
1.“居住区及其环境的规划设计研究”：中国建筑设计研究院
CADG 杯华夏建设科学技术奖一等奖（2006）
2.“以科学性评估研究城市规划中的视觉景观可持续性”：香港
2006 环保建筑大奖·研究及规划类别入围奖（2006）
3. 郑州国家高新技术产业开发区管委会办公楼：河南省勘察设计
一等奖（2000）

香港中文大学霍英东遥感科学馆

设计单位：香港中文大学太空与地球信息科学研究所、三良木设计有限公司
业主单位：香港中文大学太空与地球信息科学研究所

设计团队：何捷、梁汉明、邹经宇、陈欣欣、麦国培、梁嘉裕
项目地点：中国香港特别行政区
场地面积：2 171 ㎡
建筑面积：1 800 ㎡
设计时间：2004—2009 年
竣工时间：2010 年

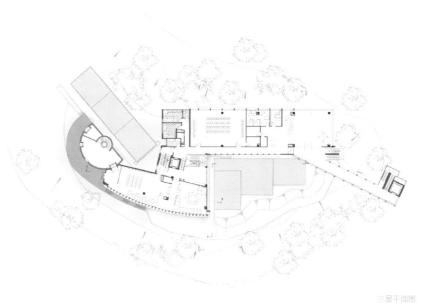

三层平面图

香港中文大学霍英东遥感科学馆是太空与地球信息科学研究所的所在地，包括师生办公室、实验室、多功能厅、会议室、机房、遥感接收站控制室等，是建筑师为自己团队设计工作场所的难得机遇。由于建筑主体坐落于香港中文大学的最高处，受到地形的极大限制，因此设计师将建筑与山顶场地原有的设施有机结合，并以标志性的电梯塔和廊桥构建地面至建筑主体的交通空间。

建筑尊重原有的校园建筑风格，采用以灰色混凝土表色喷涂和挑檐与遮阳构件为主体语汇的立面外观，与两侧建校早期的书院建筑浑然一体。建筑东端以简洁的玻璃盒子形态与其他立面形成对比，同时最大限度地将吐露港海景引入建筑。

焦 力 1988 级

北京市建筑设计研究院有限公司 副总建筑师、第一建筑设计院副院长
教授级高级建筑师
国家一级注册建筑师

1992 年毕业于天津大学建筑系，获工学学士学位

1992 年至今任职于北京市建筑设计研究院有限公司

代表项目
杭州国际博览中心改造·第 11 届 G20 峰会主会场 / 厦门国际会议中心改建工程·第
9 次金砖会晤主会场 / 北京规划展览馆

获奖项目
1. 北京雁栖湖国际会展中心：北京市优秀工程勘察设计奖综合奖（公共建筑）一
等奖（2017）/ 全国优秀工程勘察设计行业奖公建二等奖（2017）
2. 国家会议中心配套工程：北京市第十五届优秀工程设计一等奖（2011）/ 全国
优秀工程勘察设计行业奖建筑工程二等奖（2011）
3. 奥运会主新闻中心 MPC：中国建筑师学会建筑创作佳作奖（2008）/ 全国优
秀工程勘察设计银质奖（2008）/ 北京市第十四届优秀工程设计一等奖（2009）
4. 新建铁路南京南站：全国优秀工程勘察设计行业奖建筑工程一等奖（2013）
/ 铁道部优秀设计一等奖（2011—2012）/ 北京市第十七届优秀工程设计一等奖
（2013）/ 第十二届中国土木工程詹天佑奖（2014）

联想总部（北京）园区一期

设计单位：北京市建筑设计研究院有限公司、RTKL
业主单位：联想（北京）有限公司

设计团队：焦力、解钧、刘伟、唐佳、胡杨、杨权、李伟政、
袁立朴、段钧、王力刚、姚赤飙、沈洁、李震宇
项目地点：北京市
建筑面积：188 811.9 ㎡
设计时间：2013—2016 年
竣工时间：2016 年
摄影：RTKL

项目利用低而开阔的建筑格局，构成水平延展的空间组团，以水平立面形态构成延绵不绝、持续生长的整体意象。建筑以小进深加采光中厅布局，相互穿插、跌落，围合成各种院落。设计坚持以人为本和绿色、健康的理念，充分考虑北京地区城市生态环境因素的影响，营造典雅大方、安全便捷、尺度宜人并别具特色的场所空间与可持续发展的办公环境。

首层平面图

国家会议中心配套工程

设计单位：北京市建筑设计研究院有限公司、RMJM
业主单位：北京北辰会议中心发展有限公司

北京市第十五届优秀工程设计一等奖（2011）
全国优秀工程勘察设计行业奖建筑工程二等奖（2011）

设计团队：焦力、李承德、刘伟、孙小明、袁立朴、刘向阳、郑珍珍、刘容、
王保国、王力刚、刘纯才、王颖、柏挺、许群、吴晓海、沈玲
项目地点：北京市
场地面积：40 700 ㎡
建筑面积：264 000 ㎡
设计时间：2004—2006 年
竣工时间：2008 年

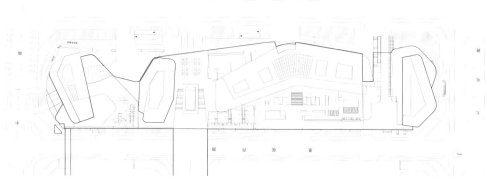

总平面图

国家会议中心配套工程地处奥林匹克公园核心地带，与国家会议中心建筑隔路相望，以景观西路、大屯路、北辰西路和中一路为界。项目高 16 层，外立面错综有序的玻璃与木色幕墙与内部的使用空间完美结合。近 400 米长的沿街立面奠定了它在奥林匹克公园里的地位，它是集会议、商务、酒店、办公、休闲、购物、美食于一体的综合项目和人们日常工作、生活、娱乐的理想场所。

该项目的整体空间设计是将首二层的裙房区在室内以商业街的形式贯穿起来，将室外的三层景观平台做成城市绿化广场，形成本项目商业及公共活动中心。开放式的城市屋顶园林坐落于商业裙楼之上，有效地将办公楼、酒店及商业餐饮中心连接起来，并且在此平台上通过廊桥可直达隔街相望的会议中心。

南京南站主站房

设计单位：北京市建筑设计研究院有限公司、中铁第四勘察设计院集团有限公司
业主单位：铁道部上海局南京南站指挥部

北京市第十七届优秀工程设计一等奖（2013）
第十二届中国土木工程詹天佑奖（2014）

设计团队：焦力、吴晨、文跃光、苏晨、刘伟、王亮、王舒展、杨权、
李伟政、袁立朴、李志东、甘明、王力刚、刘纯才、杨晓太、关效、
王帆、王鸣鸣、倪琛、胡杨
项目地点：江苏省南京市

场地面积：325 610 ㎡
建筑面积：281 021 ㎡
设计时间：2007—2011 年
竣工时间：2011 年

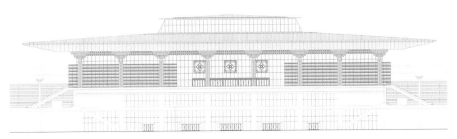

南立面图

南京南站项目提出了"综合交通枢纽""桥建合一""以流为主、到发分离、南北贯通""无缝对接、零换乘""绿色铁路车站"等一系列创新理念，使得南京南站无论在规划布局、空间流线，还是建筑形象、结构技术上，都处处体现出设计上的突破和创新。

在进行设计时，设计方开展了系统化设计的探索和试验。设计团队根据大型铁路客站功能与空间的特点，将站房建筑整体划分为竖向交通、卫生间、多功能集成模块、外幕墙、内幕墙、清水混凝土构件、地面铺装、楼面及屋面吊顶、屋面、贵宾室、静态标识等若干系统，系统的相对独立使系统化设计分工具有可能性，保证了设计的完整性，是建筑高完成度的有力保证。

南北立面的重檐木构将传统的木构造型与现代建筑结构技术巧妙结合，创造出承力斗拱，形成了富有新意的檐下空间。立面上陶土幕墙所形成的斑驳肌理与红铜梅花窗花相对应，蕴酿出江南建筑的灵秀与俊美。香槟色金属板屋面以南北边方正刚毅的直线配以东西边饱含力度的曲线，加上两侧的无柱雨棚与站房协调一致，共同形成飘逸舒展的屋面形式，体现了交通建筑的恢宏与通达。

董艳芳 1989 级

中国城市科学规划设计研究院 副院长
教授级高级规划师

1993 年毕业于天津大学建筑系，获工学学士学位
1998 年毕业于天津大学建筑学院，获工学硕士学位

1998—2000 年任职于中国建筑技术研究院（中国建筑设计研究院前身）
2000—2003 年任职于中国建筑设计研究院小城镇规划设计研究所
2003—2016 年任职于中国建筑设计研究院城镇规划设计研究院
2017 年至今任职于中国城市科学规划设计研究院

获奖项目
1. 湖南省益阳市中心城区城市设计导则：北京市优秀城乡规划设计二等奖（2017）
2. 贵州黔西南州兴义万峰林新区规划设计：北京市优秀城乡规划设计二等奖（2016）
3. 河北涿州生态示范基地规划设计：北京市优秀城乡规划设计二等奖（2013）
4. 内蒙古自治区多伦县多伦诺尔镇旧区详细规划：全国优秀村镇规划设计一等奖（2011）
5. 内蒙古自治区鄂尔多斯市物流园区城市设计：北京市优秀城乡规划设计二等奖（2011）
6. 新疆维吾尔自治区昌吉市城市设计：北京市优秀城乡规划设计二等奖（2011）
7. 内蒙古鄂尔多斯达拉特旗解放滩精品移民小区规划：全国优秀村镇规划设计三等奖（2009）
8. 内蒙古自治区准格尔旗大路新区东区控制性详细规划：北京市第十四届优秀工程设计三等奖（2009）
9. 鄂尔多斯东胜铁西二期开发区控制性详细规划：北京市第十四届优秀工程设计三等奖（2009）
10. 北京市延庆县八达岭镇旧村改造营城子村详细规划：全国优秀村镇规划设计二等奖（2007）
11. 北京市解放军总医院"明日家园"规划设计：北京市第十三届优秀工程设计一等奖（2007）
12. 北京市平谷区将军关村修建性详细规划：建设部优秀工程勘察设计奖村镇部分二等奖（2005）、北京市第十二届优秀工程设计及优秀工程勘察奖村镇建设一等奖（2005）

内蒙古多伦县多伦诺尔镇旧区规划

业主单位：内蒙古自治区锡林浩特多伦县建设局

设计团队：董艳芳、方明、薛玉峰、袁琳、马素明、张威、陈敏
项目地点：内蒙古自治区锡林浩特市
场地面积：2.2 平方千米
设计时间：2007 年

多伦县位于内蒙古自治区中部，是内蒙古自治区距北京最近的旗县。康熙二十九年（1690 年）噶尔丹叛乱被平定，随军商人成为"旅蒙商"的前身，康熙四十九年（1710 年）建成兴化镇（即多伦诺尔镇），重要的地理位置使其成为清代及民国初年著名的"漠南商埠"。多伦古城内历史遗迹较多，有国家文物保护单位九处，有三官庙、兴化学堂等大量历史遗迹，旧城内大量道路仍保持传统街巷风貌。

规划中，设计方围绕核心保护区设计一条绿化的环带，绿环明确界定了古城核心风貌区与发展区的范围，将抽象的保护与发展落实到古城的具体空间中，同时绿环起到核心保护区与发展区之间过渡、缓冲的作用。设计将自然环境保护与历史人文环境保护相结合，空间环境、历史建筑保护与地方文化传统保护相结合，采取整体性保护方法，以实现保护街区、体现地域文化完整性的目标。

准格尔旗大路新区概念性城市设计及中心区控制性详细规划

业主单位：内蒙古自治区鄂尔多斯准格尔旗大路新区管委会

设计团队：方明、董艳芳、赵辉、白小羽、陈天、黄非、张立涛
项目地点：内蒙古自治区鄂尔多斯市
场地面积：22 平方千米
设计时间：2005 年

大路新区位于鄂尔多斯市最东部的准格尔旗，是我国西部重要的能源基地和经济开发战略实施的重点区域之一。方案从整体城市设计出发，将城市外围自然的地形、地貌作为城市设计的重要组成部分，与城市建设用地组织在一起，共同建立起城市结构骨架；以城市建设用地与自然景观共同建立城市框架为基础，进一步强化城市空间格局，通过借鉴中国古典城市"取物比类"的传统手法，在整体城市设计阶段，注重构建和生成现代版本的新的城市认知图形。方案结合整体城市设计的布局特点，提炼出"大漠雄鹰"的形象图形，并以此为设计主题，隐喻大路新区仿佛沙漠上展翅翱翔的雄鹰，日新月异，不断腾飞。

凌 建 1989 级

GOA 大象设计 执行总裁
国家一级注册建筑师

1993 年毕业于天津大学建筑系，获工学学士学位
1996 年毕业于浙江大学建筑系，获工学硕士学位

1996—2000 年任职于杭州市建筑设计院
2000 年至今任职于 GOA 大象设计

代表项目
钱湖柏庭养老项目 / 天台山莲花小镇 / 建德市城市规划展览馆博物馆 / 宁波智慧城市
软件园 / 上海长风中心 / 远洋乐堤港 / 苏州御园 / 杭州春江花月

获奖项目
1. 杭州蓝庭：杭州市建设工程西湖杯优秀勘察设计二等奖（2010）/ 宁波市优秀勘察
设计项目三等奖（2010）/ 全国人居经典建筑规划设计方案竞赛综合大奖（2015）
2. 宁波科技研发园：江苏省建筑工程钱江杯优秀勘察设计综合工程二等奖（2012）/
宁波杯优秀勘察设计三等奖（2012）
3. 无锡玉兰花园：杭州市建设工程西湖杯优秀勘察设计三等奖（2014）
4. 九润公寓：宁波杯优秀勘察设计二等奖（2015）/ 杭州市建设工程西湖杯优秀勘察
设计建筑类三等奖（2015）
5. 无锡蠡湖香樟园：第十届金盘奖·华东分赛区年度最佳公寓（2015）/ 全国人居经
典建筑规划设计方案竞赛建筑金奖（2015）
6. 苏州湾景苑：全国人居经典建筑规划设计方案竞赛建筑金奖（2015）
7. 临平西子国际：杭州市建设工程西湖杯优秀勘察设计二等奖（2016）
8. 上海西子国际中心：MIPIM Asia 大奖·最佳多用途建筑项目（2016）

宁波科技研发园

设计单位：GOA 大象设计
业主单位：宁波高新区研发园绿城建设有限公司

江苏省建筑工程钱江杯优秀勘察设计综合工程二等奖
（2012）/ 宁波杯优秀勘察设计三等奖（2012）

设计团队：凌建、陈清西、陈健、杜立明、蒋嘉菲、卿州、
甬小斌、倪志军、徐浩祥、钱列东、林玉花、何刚
项目地点：浙江省宁波市
场地面积：1 023 000 ㎡
建筑面积：620 000 ㎡
设计时间：2006 年
竣工时间：2012 年

总平面图

宁波科技研发园基地位于宁波市科技园区研发园区，是一个为高新创业企业提供办公及研发场所的大型科研园区。整个地块西临聚贤路，北至江南路及甬新河，共分三期开发。一期规划采用严整对称的布局，院落空间与实体建筑交错布置。二期规划中，东西向主轴线与南北向次轴线将园区划分为四个组群，每个组群均由多个单体围合形成内部景观庭院。建筑总体西高东低、外高内低，既解决了较高的容积率要求，又不会阻挡内部的景观视线，办公环境亲切宜人。三期规划则试图从复杂的周边环境中寻找对话关系，梳理出三条控制轴线，分别为与南端一期项目的最高楼相呼应的南北主轴线、与基地西侧的 24 层高的微软技术中心呼应的东西向轴线，以及与江南路呼应的斜向次轴线。三条轴线交会于用地中心，转承关系明确。

分三期开发的项目的轴线关系各有侧重又相互制约，在空间性质上各具特色又相映成趣，形成富有变化却和谐统一的高档办公群落。在建筑单体设计中，一二期建筑采用石材幕墙的外立面形式，立面风格富古典韵味；三期建筑采用全玻璃幕墙的外立面形式，强调比例的和谐和线条的精美。

上海西子国际中心

设计单位：GOA 大象设计
业主单位：上海西子联合实业有限公司

MIPIM Asia 大奖·最佳多用途建筑项目（2016）

设计团队：凌建、陈清西、陈健、杜立明、蒋嘉菲、卿州、胥小斌、倪志军、徐浩祥、钱列东、梅玉龙、何刚
项目地点：上海市
场地面积：104 000 ㎡
建筑面积：106 000 ㎡
设计时间：2010 年
竣工时间：2014 年

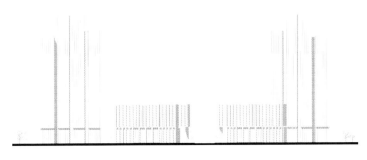

立面图

总平面图

上海西子国际中心位于上海莘庄商务中心核心区，基地由 H-2、H-4 两个地块组成，属于商务办公用地。基地周边拥有良好的城市景观资源，北侧毗邻莘庄商务区的中央湖景区，南侧紧靠城市滨河绿色通廊淀浦河。

项目规划由五栋建筑组成，包括两栋高层办公楼和三栋多层办公楼。为了给高层办公楼争取尽可能多的城市景观，设计把南北两个地块的高层办公楼交错布置，减少相互之间的视线遮挡。总体布局上，五栋建筑沿基地周边呈 U 形布置，通过建筑之间的围合形成中心景观庭院，为办公人员提供一个休闲、舒适的交流场所。高层建筑与多层建筑的有机组合，加上建筑体块之间的跌落、错动，形成了富有变化的天际轮廓线。建筑主立面的设计采用竖向线条，侧立面则以凹槽把建筑分解成几个体块，并赋予不同高度以达到高耸挺拔的体形效果。外墙材料采用干挂花岗岩和玻璃幕墙结合的做法，使建筑群体呈现出现代、典雅的性格特征。

无锡蠡湖香樟园

设计单位：GOA 大象设计
业主单位：融创绿城

第十届金盘奖·华东分赛区年度最佳公寓（2015）、
全国人居经典建筑规划设计方案竞赛建筑金奖（2015）

设计团队：凌建、梁卓敏、楼杰、郑娟、胥小斌、张建辉、
柴磊、何亮、陈森、纪殿格、吴文裕、魏民
项目地点：浙江省无锡市
场地面积：695 000 ㎡
建筑面积：677 118 ㎡
设计时间：2009 年
竣工时间：2014 年

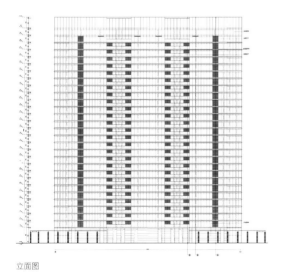

立面图

项目位于蠡湖新城，西侧和南侧空间开阔，可眺望蠡湖及外太湖。为将景观最大化，高层住宅选择石材与暖色涂料外饰面结合的立面形式，强调视野的开阔感。地块东南侧的多层住宅则考虑采用法式古典建筑形式，强调传统的比例关系。三段式法式立面的基础上配以西方古典柱式和线脚装饰，在近人尺度上增加了建筑的层次感。建筑外立面一层采用干挂石材，二层以上采用真石漆，屋顶为深黑色平板瓦。在建筑色彩方面，采用暖色墙面与深黑色屋顶结合，整体色彩效果典雅而稳重。

高层住宅立面细部强调挺拔清透的外观效果，外墙主要运用了低反射、蓝灰色的玻璃、石材和暖色涂料等材料。设计以简洁的形体结合细腻典雅的细节设计，强调建筑形体的同时丰富了立面的层次感。多层住宅立面细部以新古典建筑为蓝本，强调细部的和谐与整体的比例，近黄金比例的洞口尺寸配以柱式和线脚的点缀与装饰，在近人尺度上增加了建筑的丰富性。在建筑色彩方面，建筑主体以暖色的天然石材和真石漆为主，强调整体的稳重感，辅以深色的铝合金窗档，整体色彩细腻典雅。

刘方磊 1989 级

北京市建筑设计研究院有限公司 副总建筑师
国家一级注册建筑师
教授级建筑师

1994 年毕业于天津大学建筑系，获工学学士学位

1994—1996 年任职于北京城建设计研究院
1996—1998 年任职于首都规划委员会办公室
1998 年至今任职于北京市建筑设计研究院有限公司

代表项目
首届一带一路国际峰会主会场，第 22 届 APEC 峰会首脑主会场——北京雁栖湖国际会议中心 / 第 11 届 G20 峰会首脑主会场——杭州国际博览中心改造 / 第 9 届金砖五国峰会主会场——厦门国际会议会展中心改造 / 第五届、第六届北京国际电影节开闭幕式主会场——北京雁栖湖国际会展中心 / 新疆库尔勒三大中心（会展中心、体育中心、文化中心）/ 金宝街香港马会总部会所

获奖项目
1. 首届一带一路国际峰会主会场，第 22 届 APEC 峰会首脑主会场——北京雁栖湖国际会议中心：全国优秀工程勘察设计行业奖一等奖 / 第十八届北京市优秀工程设计一等奖 / 第十三届中国土木工程詹天佑奖 / 国家优秀工程鲁班奖
2. 第五届、第六届北京国际电影节开闭幕式主会场——北京雁栖湖国际会展中心：第十九届北京市优秀工程设计一等奖 / 国家优秀工程鲁班奖
3. 金宝街香港马会总部会所：第十五届北京市优秀工程三等奖
4. 淄博市齐盛国际大酒店：第十七届北京市优秀工程三等奖
5. 新广州火车站南站：铁道部优秀工程金奖
6. 首都师范大学国际文化学院大厦：第十三届北京市优秀工程三等奖

杭州国际博览中心（改造）——第 11 届 G20 峰会主会场

设计单位：北京市建筑设计研究院有限公司
业主单位：杭州奥体博览中心萧山建设投资有限公司

设计团队：刘方磊、焦力、唐佳、赵璐 张涛、魏成才、沈蓝、黄澜、
甄伟、王轶、王毅、曾源、胡宁、余道鸿、陈莹、刘燕
项目地点：浙江省杭州市
场地面积：190 000 ㎡
改造面积：174 713 ㎡
设计时间：2015 年
竣工时间：2016 年

为举办 2016 年 9 月的第 11 届 G20 首脑峰会，政府特对杭州国际博览中心进行改造，改造面积为 174 713 平方米。设计以国家礼仪流线为主线，贯穿 G20 峰会主题，在室内外空间设计中强化以大国风范为前提、以江南特色与杭州元素为侧应的流动空间。

宏大的尺度仿佛述说着江南文化所独有的大国情怀。亲和典雅的六对雪白的弧形"廿字"柱组成六对开放的"月亮门"，传递着"有朋自远方来，不亦乐乎"的好客语境。六道紫铜大梁托着鳞次栉比的白椽子延伸到大堂。雨廊前方两翼 40 个旗杆上旗帜飘扬，形成"玉琮潭影"的旗阵对景。

四根角梁由四梁八柱托起，梁柱雕刻夔文图案，建筑四个角部空间墙面为江南镂空花窗设计，花窗后面衬托有吸音功能的布艺，绘制出连绵的江南山水长卷，湖光山色，令人如置身于"画坊轩阁"之中。此处四面有景，近临水纹涟漪如纱，远观山色朦胧如画，塑造出"波心荡，冷月无声"的江南意境。

厦门国际会议中心（改造）——第 9 届金砖五国首脑峰会主会场

设计单位：北京市建筑设计研究院有限公司
业主单位：门嘉诚投资发展有限公司

设计团队：刘方磊、焦力、黄迎松、张涛、赵璐、徐瑾、沈蓝、
甄伟、王轶、张万开、王毅 刘振国、余道鸿、丁建唐
项目地点：福建省厦门市
场地面积：125 000 ㎡
改造面积：50 000 ㎡
设计时间：2016—2017 年
竣工时间：2017 年

整体改造设计时，设计方充分利用原有建筑的外部与内部空间，将原有外部空间空廊加建成为主空间体系，使其成为从主入口到大堂以及迎宾厅、主会场的核心空间轴线。

依托原有的建筑风格，加建入口迎宾长廊，以"丹冠飞羽"为理念，取厦门市树——凤凰木的花与叶为原创点，"花如丹凤之冠 叶如飞凰之羽"，同时扣合闽南"五行山墙之金形山墙"为原创形态，喻意金砖五国峰会的美好前景，同时喻意有道道彩虹飞架，如桥梁般连接成为"海上丝绸之路"。

设计以宏扬一带一路为宗旨，用一刚一柔、方圆交替的白色石柱成迎宾之势，打破单调，强化节奏，赋于韵律；以灰色雕花柱础托起白色洞石柱，柱头上托紫铜梁，如"架海紫金梁"般排列，体现宏大之气势。地面铺以呈现海韵之感的石材，烘托"海上丝绸之路"的文化意境。

方 巍 1989 级

开朴艺洲设计机构（C&Y）董事、总经理
国家一级注册建筑师
高级建筑师
深圳市住房和建设局评审专家

1993 年毕业于天津大学建筑系，获工学学士学位
1996 年毕业于天津大学建筑学院，获工学硕士学位

1994 年任职于深圳艺洲建筑工程设计有限公司
2010 年至今任职于开朴艺洲设计机构（C&Y）

代表项目
深圳满京华国际艺展城 / 深圳中粮一品澜山 / 桂林彰泰峰誉 / 深圳合泰御景翠峰 /
深圳润恒尚园 / 深圳远洋新天地

获奖项目
1. 银川市文化艺术馆及老年大学合建工程：第三届深圳建筑创作奖已建成项目二
等奖（2017）/ 第十七届深圳市优秀工程勘察设计公建类三等奖（2016）/ 第二
届深圳建筑工程施工图编制质量银奖和建筑专业奖（2014）
2. 梅县外国语学校：第二届深圳建筑创作奖施工图二等奖（2016）/ 第二届深圳
建筑创作奖已建成项目三等奖（2016）
3. 深圳中粮一品澜山：深圳市第十六届优秀工程勘察设计二等奖（2015）
4. 宜昌鸿泰天域水岸：第三届深圳市建筑工程施工图编制质量住宅类铜奖和结构
专业奖（2016）/ 人居生态国际建筑规划方案竞赛建筑金奖（2016）

银川市文化艺术馆及老年大学合建工程

设计单位：开朴艺洲设计机构（C&Y）
业主单位：银川市工程项目代理建设办公室

设计团队：方巍、蔡明、李雄平、刘汉元
项目地点：宁夏回族自治区银川市
场地面积：20 000 ㎡
建筑面积：20 000 ㎡
设计时间：2013 年
竣工时间：2016 年

项目紧临银川华雁湖，该片区的规划以"太阳神"为出发点，设置了一个向心性的华雁湖公园，周边有妇女儿童中心和华雁湖畔等居住小区，风景优美，交通便利。银川市文化艺术馆新馆位于该片区中心，是区域重要的建筑之一。

新馆的设计理念来源于银川市"凤凰城"的美誉。作为中国西部的一颗明珠，银川独特的塞上风光及多彩的回族风俗民情使其成为最具魅力的城市之一。项目的建筑设计以浓郁的地域文化为源头，结合现代前卫的品位及东方审美需求，提炼了"凤凰展翅"的形态概念。文化馆与老年大学的建筑体就像是凤凰的两个羽翼，临湖而生，自由舒展，暗合展翅高飞的深刻含义。同时，两个建筑体之间形成"山谷"，中间设置了开放式的艺术空间，形成有机分区，既相互独立，又整体统一。

梅县外国语学校

设计单位：开朴艺洲设计机构（C&Y）
业主单位：梅州市梅县区教育局

设计团队：方巍、张国辉、王福康、李进
项目地点：广东省梅州市
场地面积：266 632 ㎡
建筑面积：101 246 ㎡
设计时间：2013 年
竣工时间：2016 年

首层平面图

项目希望唤起人们对于历史传统的记忆。设计理念借鉴客家传统建筑
的形式、比例与尺度，并结合国际现代风格。细节方面遵循传统客家
建筑风格，景观设计也体现当地的园林风貌。作为整个校园核心建筑
的综合楼，象征着根深蒂固的客家传统和价值观，处处结合客家传统
建筑元素，提醒着莘莘学子们"即使走出国门，也要始终不忘本"。

深圳中粮一品澜山

设计单位：开朴艺洲设计机构（C&Y）
业主单位：中粮地产发展（深圳）有限公司

设计团队：方巍、蔡明、黄迎晓、刘北平、黄立新
项目地点：深圳市
场地面积：53 113 ㎡
建筑面积：163 375 ㎡
设计时间：2011 年
竣工时间：2013 年

公建设计方面，整体商业区由两部分构成，东南角的
集中商业区及沿丹梓大道光祖路的沿街商铺。建筑造
型借鉴了骑楼方式，构成元素有欧式花钟、门廊、柱、
雨棚等。商店高度与路面宽度比例适宜，建筑设计语
言与住宅设计风格定位相接近，具有强烈鲜明的现代
欧洲建筑韵味。店面用房置于住宅底层，与绿化、休
闲座椅相结合，尺度追求"人性化"。东面的商铺为
阁楼式设计，结合入口的开放空间与道路局部广场设
计，形成社区内一道亮丽的商业风景线。

在住宅立面设计上，高层住宅采取简洁的欧式风格，
挺拔硬朗，但在色彩上与低层合院形成适当的呼应，
以材质的精心搭配和精致的细部处理创造高品质的建
筑形象。多层住宅采用西班牙风情模式，与欧式景观
相结合，营造出高档典雅的宜居住宅小区。

宜昌鸿泰天域水岸

设计单位：开朴艺洲设计机构（C&Y）
业主单位：宜昌鸿泰置业有限公司

设计团队：方巍、蔡明、李雄平、钟检华、刘汉元
项目地点：湖北省宜昌市
场地面积：19 727 ㎡
建筑面积：96 451 ㎡
设计时间：2014 年
竣工时间：2016 年

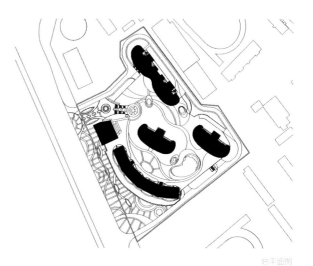

总平面图

项目用地与长江一路相隔，西面、南面一线面江，景观资源得天独厚。规划设计将多层板式办公楼沿江大道线性展开，通过形体转折扩展临街商业面，形成商业广场；三栋高层住宅前后错落布置，满足城市临江轮廓线控制要求的同时实现视线通道的通透，充分利用了外部江景资源与内部中心花园。

建筑形体以柔和的横向线条为主要元素，利用凸凹变化的阳台轮廓形成丰富的光影层次，同时借助表皮处理的虚实对比关系，在建筑立面上呈现富有韵律感的线条组合，在城市临江界面上展现个性化的地标形象。

刘 新 _{1989 级}

深圳华森建筑与工程设计顾问有限公司南京分公司 总建筑师、总经理

1994 年毕业于天津大学建筑系，获建筑学学士学位

1994—1999 年任职于建设部建筑设计院
1999 年至今任职于深圳华森建筑与工程设计顾问有限公司

代表项目
新城大厦二期 / 鼓楼科技园国际公寓 / 建邺双和综合办公区 / 金基唐城四期

新城大厦二期

设计单位：深圳华森建筑与工程设计顾问有限公司
业主单位：南京市河西新城国有资产经营控股（集团）有限责任公司

设计团队：宋源、刘新、尹小川
项目地点：江苏省南京市
场地面积：41 405 ㎡
建筑面积：163 607.7 ㎡
设计时间：2009—2012 年
竣工时间：2013 年

新城大厦二期坐落在南京河西 CBD 轴线与奥体轴线的交会点，与东侧一期的两栋 130 米高的塔楼形成庄重、大气的新城政务办公建筑群。主体建筑以 10 米高的绿化台地裙房为基座，方正的形体与南京城东的历史建筑"四方城"遥相呼应，以"新四方"的形象成为南京河西新城重要空间节点上的标志性建筑。立面以自下而上的较粗列柱与自上而下的较细列柱相互交错设计，体现出"天地融合"的设计理念，同时使建筑更加庄重、挺拔。

建邺双和综合办公区

设计单位：深圳华森建筑与工程设计顾问有限公司
业主单位：南京建邺区河西建设指挥部

设计团队：刘新、买友群
项目地点：江苏省南京市
场地面积：201 900 ㎡
建筑面积：143 500 ㎡
设计时间：2007—2016 年
竣工时间：2017 年

建邺双和综合办公区位于南京河西地区南部，项目目标为集中规划一组建筑，形成一个容纳十多个区级政府办公机构的综合园区。设计师在规划设计中根据不同的使用功能将建筑群分为高低两组建筑。第一组东侧的三栋较高建筑形成自北向南规整的空间序列，并在各栋之间形成内部庭院。第二组西侧与南侧三栋较低的建筑形成 L 形建筑组群，以近人的尺度与周边环境相融合，栋间形成开敞的广场空间与高层区域的开放空间形成东西向的室外环境轴。立面设计简洁、现代，小尺度的建筑以鲜明且各具特色的建筑形象为区域城市空间提供独特的建筑记忆。

鼓楼科技园国际公寓

设计单位：深圳华森建筑与工程设计顾问有限公司
业主单位：南京慕诚房地产开发有限公司

设计团队：刘新
项目地点：江苏省南京市
场地面积：49 300 ㎡
建筑面积：397 844.53 ㎡
设计时间：2008—2011 年
竣工时间：2014 年

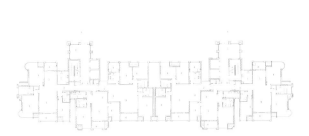

首层平面图

鼓楼科技园国际公寓坐落于南京河西新城中部，由南北走向的城市支路两侧的东、西两个地块组成。规划布局以中间的城市道路为参照，两个地块做对称设计，每个地块内以18、33层的高层住宅形成高低错落的围合式布局，为住户提供大尺度的城市花园空间。围绕中心花园的住宅单元底层架空，结合跌落至地下车库的若干下沉花园，形成立体的中心花园体系，为住户提供多层次的园林体验，体现花园社区的设计理念。立面设计采用香槟金色铝板、浅棕色仿石涂料、深棕色石材基座，以简化的ArtDeco风格营造尊贵、温馨的居住氛围。

金基唐城四期

设计单位：深圳华森建筑与工程设计顾问有限公司
业主单位：南京金基房地产集团开发有限公司

主创设计：刘新
项目地点：江苏省南京市
场地面积：16 083 ㎡
建筑面积：34 121 ㎡
设计时间：2007—2008 年
竣工时间：2011 年

金基唐城四期坐落于南京城西的莫愁湖畔，是一处集办公、商业、居住功能为一体的小型街区式综合体。设计在略显局促的用地中合理组织各功能区域，使它们既相对独立又有机融合，创造出高低错落、内外贯通的、丰富的城市节点空间。立面设计采用明快的橘色、黄色陶板与鳞片状玻璃幕墙相结合，营造出充满活力、时尚的现代城市形象。

柴 晟 1990 级

深圳市承构建筑咨询有限公司
上海承构建筑设计咨询有限公司
北京承构建筑设计咨询有限公司
承构空间环境设计（深圳）有限公司 董事长

1995 年毕业于天津大学建筑系，获工学学士学位
1998 年毕业于天津大学建筑学院，获工学硕士学位
2000 年毕业于英国格林尼治大学，获建筑学硕士学位

2001—2001 年任职于中建（国际）方案创作室主任
2002—2003 年任职于中外建（深圳）建筑设计公司
2003—2008 年任职于深圳市华汇设计有限公司
2008 年至今任职于深圳市承构建筑咨询有限公司
2011 年至今任职于上海承构建筑设计咨询有限公司
2013 年至今任职于北京承构建筑设计咨询有限公司

获奖项目
1. 重庆武隆仙女山归原小镇：第十二届金盘奖最佳旅游度假区奖（2017）
2. 重庆龙湖江与城薇澜岸：第十届金盘奖最佳综合楼盘奖、网络人气奖（2015）
3. 上海世茂佘山里：第十届金盘奖最佳别墅媒体推荐奖（2015）
4. 创维半导体设计大厦：第十届金盘奖最佳写字楼奖（2015）
5. 晋江御龙湾商业街：第十届金盘奖最佳综合楼盘奖（2015）
6. 北京润西山：中国建筑设计金拱奖人居设计类金奖（2014）
7. 重庆龙湖源筑二期：第九届金盘奖最佳综合楼盘奖（2014）
8. 龙湖大学城睿城：重庆市勘察设计协会优秀工程设计奖（2012）
9. 龙湖大城小院：中国土木工程詹天佑奖最佳建筑设计奖（2010）

设计师以"自然无敌，朴素就是力量"作为整个项目的设计原则，在不占用农耕用地的情况下，实现"一轴多心"的规划布局。各个建筑群落据点围绕景观视线通廊依山而筑，设计将各个建筑规划区域打造成富有个性特点并面向未来的现代化新型旅游目的地。

重庆仙女山·归原

设计单位：深圳市承构建筑咨询有限公司、
上海承构建筑设计咨询有限公司
业主单位：凡策房地产顾问有限公司
合作单位：凡策控股集团、重庆建筑工程设计院

第十二届金盘奖最佳旅游度假区（2017）

设计团队：柴晟、许峰、张华、种法东、胡金涛、
冷得影、戴佳璐、杜美汝、杨冰峰、曹桑尼、石昊、
周亚、辛林芳、周晓茜、李琼
项目地点：重庆市
场地面积：775 452 ㎡
建筑面积：42 360 ㎡
设计时间：2016 年
竣工时间：2017 年

展示中心图

设计遵循"以院落为单元生成组团，再由组团演变成村落"的生长逻辑，通过三拼、四拼、六拼等基本单元的多种组合再现传统聚落的多样性。立面设计"因地制宜"，尽可能地就地取材，并和村里的传统文化因素结合起来。

民宿客栈室内设计寻求乡村记忆——对乡村的记忆是童年在草丛中抓住的蝈蝈，是奶奶手上端着的那碗有猪油香味的面条，是一片经受岁月磨砺的青石板，是一方时光刻印裂纹的老木。设计师精心选择当地的材料和古老工艺、老木头、青石板、旧家具……一切简单自然，却又饱含深情，带给人们久违的亲切感，并引领人们脱离喧嚣的城市，追寻那无忧无虑的点点回忆……

成都龙湖时代天街

设计单位：深圳市承构建筑咨询有限公司、上海承构建筑设计咨询有限公司
业主单位：成都龙湖锦鸿置业有限公司

设计团队：柴晟、唐聃、黄珏磊、高逸嘉、周耀、
颜能、郑轩轾、李建铭、戚飞、金红
项目地点：四川省成都市
场地面积：305 674 ㎡
建筑面积：1 890 000 ㎡
设计时间：2011 年
竣工时间：2012 年

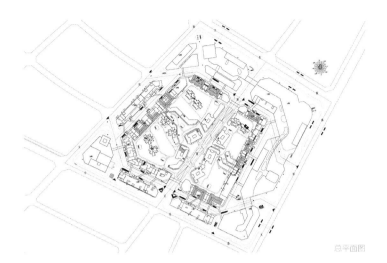

总平面图

龙湖时代天街是一个规模达 180 万平方米的商业综合体大盘，位于成都主城区内唯一一个集中央居住区、中央教育区、国家保税区于一体的城市核心区——高新西区内。项目占据了高新西区稀缺的大型商业用地，覆盖成都西面至郫县的各层次多种类消费需求，坐拥成都西面和郫县各大住区组团的住宅人群、成都规模最大的大学城以及成都唯一的综合保税区内总计将近两百万的消费人口资源。

狄韶华 1990 级

第一实践建筑设计 创始人
中央美术学院建筑系 客座讲评

1995 年毕业于天津大学建筑系，获工学学士学位
2003 年毕业于麻省理工学院，获建筑设计、城市设计理论硕士学位

2004—2006 年任职于美国帕金斯威尔（北京）建筑设计有限公司
2007—2008 年任前门 23 号改造项目甲方建筑师
2009 年创立第一实践建筑设计

个人荣誉
2003 年麻省理工学院 Francis Ward Chandler 建筑设计成就奖
2014 年北京国际设计周 DLab 项目最有思想的设计师之一
2014 UED，中国北京，青年建筑师

代表项目
泉美术馆 /MAX 产品展示中心 / 行走的艺术鞋店 / 第一实践工作室 / 前台 / 东润公寓 / 湖岸工作室 /
小堡村村委会建筑改造 / 青年创业基地 / 蒸汽屋 / 元亨利博物馆 / 冰库画廊改造

获奖项目
1. 第一实践工作室改造：Architizer A+ 建筑奖，美国，特殊提名奖（2016）
2. 行走的艺术鞋店：世界室内新闻奖 World Interior News Awards，英国，一等奖（2016）
3. 泉美术馆：德国标志建筑奖 Iconic Architecture Awards，德国，二等奖（2016）
4. 颖画廊：德国标志建筑奖 Iconic Architecture Awards，德国，二等奖（2017）

泉美术馆

设计单位：第一实践建筑设计
业主单位：个人

设计团队：狄韶华、张晓东、刘星、狄翔杰、冯建成、
冯淑娟、何峰、王博瑜
项目地点：北京市
场地面积：3 327 ㎡
建筑面积：4 700 ㎡
设计时间：2010 年
竣工时间：2015 年
摄影师：夏至、金锋哲、周若谷

建筑位于一个湖泊旁，在一片艺术展厅和工作室聚落的东侧。湖泊位于建筑北侧，而南侧与宋庄美术馆相邻。该场地低于南面和东面的道路，被最高处为 2 米的挡土墙围绕。

建筑体量呈 U 形，让人联想到当地人熟悉的三合院。U 形体量环抱出一个朝东外向型庭院，可以吸引公众参加室外活动。一条道路作为公共路线从庭院一直延伸到错落屋顶的最高处，使屋顶和庭院立面的界限变得模糊，成为街道的延续，从而提供了充足的室外活动和展示的场地。

庭院被抬升至道路上方 1.6 米，是半地下层的屋顶。两个下沉花园为半地下层带来自然光线和通风，为种植树提供土壤。半地下层到了北侧和西侧与室外地面相平，可以直接进出，里面容纳了南部的暗空间、两个庭院之间的休息区以及西侧的几个居住艺术家工作室。

将室外视野引入室内是设计师的愿望，这通过主要展览空间内几个精心布置的凸窗可以实现。凸窗给艺术的观者腾出一块个人的空间，使其可以驻足凝视窗外片刻，再回到艺术中来。建筑外墙采用当地市场常见而且经济的一种墙砖，通过独特的排砖方式，进一步强调建筑空间中体现出的流动性，这样的材质也为建筑增添了精致感和细腻感，呈现出特有的肌理，与周边的环境形成对比。

MAX 产品展示中心

设计单位：第一实践建筑设计
业主单位：中国中建设计集团有限公司

设计团队：狄韶华、霍俊龙、刘星、冯淑娴
项目地点：山东省青岛市
场地面积：4 360 ㎡
建筑面积：1 800 ㎡
设计时间：2014 年
竣工时间：2015 年

平面图

项目的业主单位正在企业集团化过程中，而MAX产品展示中心是在不同城市对其产品进行展示和销售的中心。为了达到最好的可视性效果，展示中心被布置在规划用地十字路口的一角，设计团队以经济和高效为建造目的，将产品中心作为一个可以被复制的单体，以相同的形式出现在不同的基地环境中。

在没有具体的基地和周边文化环境参照的情况下，设计师在对企业文化和建筑内部功能、结构进行理性分析之后，把建筑设想为一个"礼物盒"和模型沙盘，用来承载传达企业的策划思想。

"颖"画廊改造

设计单位：第一实践建筑设计
业主单位：颖画廊

设计团队：安兆学、冯淑娴、冯建成、刘星
项目地点：北京市
场地面积：168 ㎡
建筑面积：100 ㎡
设计时间：2016 年
竣工时间：2016 年
摄影师：夏至、Praxisd' Architecture

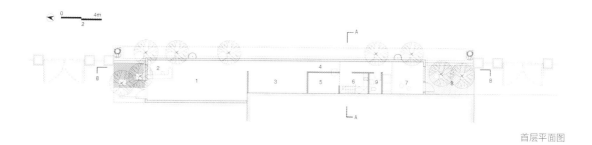

首层平面图

"颖"画廊是人与艺术互动的场所和一座跨越边界、连接艺术与生活的桥梁。现状空间在院墙里面，而设计师试图使画廊的体量跨越院墙呈现于道路边。由于现有的院墙不允许被改动，于是设计师在其外侧增设了一层阳光板，覆盖住原有的院墙，使画廊有了一个 28 米长的沿街立面。阳光板轻质半透、价格经济，为了使其在室外更耐久，并对后面的院墙具有遮挡效果，阳光板背面被覆了一层反光膜，使得外立面远看呈现出金属般的光泽。阳光板延伸到院内画廊空间的其他几个外表面上，新的建筑体量从旧的环境肌理中生长出来，又与周边形成对比。

目前这个区域内对原有建筑加建有严格限制，设计师通过跟当地管理者协商，屋顶可以在 5 米范围内被加高 1.5 米，这决定了画廊的功能布局。室内空间包含 4 个展厅，3 个 3.6 米原有高度的展厅在地面层，一个在夹层上。夹层下面有一段有凹龛的狭窄空间，高 2.4 米，宽 1 米，凹龛用来展示艺术家创作的小物品。展厅空间在这里收束，参观者可以靠近凹龛，参观其中的展品。旁边是一个功能区，在这里卫生间、厨房、储藏间和通向夹层的楼梯被紧凑地整合在一起。

徐平利 1990 级

中国航空规划设计研究总院有限公司 总建筑师
民航工程设计研究院项目总监、研究员
国家一级注册建筑师
徐平利 A1 工作室负责人
住建部建筑设计标准化技术委员会委员
中国建筑学会会员
中国民用机场协会专家委员会特聘专家
中国航空器拥有者及驾驶员协会（AOPA 中国）专家委员会委员
中国民航工程咨询公司及民航局节能减排专家库成员委员

1995 年毕业于天津大学建筑系，获建筑学学士学位
2005 年毕业于同济大学建筑与城市规划学院，获工程硕士学位

1995 年至今任职于中国航空规划设计研究总院有限公司二院、上海分院、民航院

个人荣誉
优秀罗阳青年突击队（2016—2017）
中航工业规划巾帼建功团队（2016）
中航工业规划创新超越团队（2016）
中航工业规划"巾帼建功标兵"称号（2013）
无锡市五一创新能手荣誉称号（2012）
中航工业规划项目创优团队荣誉称号（2012）
中航工业规划"爱岗敬业标兵"称号（2011）
中航工业规划总经理特别奖（2009）

代表项目
浙江杭州萧山国际机场国际峰会专用候机楼 / 昆明长水国际机场专机及公务机候机楼 / 首都机场专机及公务机楼 / 兰州中川国际机场航站楼 /
无锡苏南硕放国际机场航站楼 / 徐州观音机场航站楼 / 宜昌三峡机场航站楼 / 珠海三灶机场航站楼 / 沈阳桃仙国际机场综合交通枢纽及新建停
车楼工程

获奖项目
1. 无锡苏南硕放国际机场航站楼改扩建工程：中航工业集团优秀建筑工程一等奖（2017）/ 全国优秀工程勘察设计行业奖公建二等奖 (2017)
2. 徐州观音机场二期改扩建工程："创新杯"建筑信息模型（BIM）设计大赛最佳 BIM 建筑设计奖三等奖（2015）
3. 云南西双版纳机场扩建工程：中国建筑设计行业奖及勘察协会公建三等奖（2015）/ 中航工业规划项目技术创新奖（2013）/ 云南省优质工
程奖（2013）/ 中国航空工业优秀工程设计一等奖（2014）
4. 中国民航校验飞行中心基地迁建工程：中国工业建筑学会优秀设计奖三等奖（2011）/ 中航工业规划项目技术创新奖（2013）/ 中国航空
工业优秀工程设计二等奖（2013）
5. 中航直升机研究所 900 号科研大楼：中国建设工程鲁班奖（2011）/ 中国航空工业优秀工程二等奖（2011）
6. 云南大理机场站区改扩建工程：中国航空工业优秀工程一等奖（2011）
7. 首都机场专机和公务机楼基地建设工程：中国航空工业优秀工程一等奖（2009）
8. 首都机场公安分局指挥大楼：中国航空工业优秀工程二等奖 / 全国优秀工程勘察设计行业奖建筑智能化三等奖（2009）
9. 西宁曹家堡机场航站楼：中国航空工业优秀工程一等奖（2008）

浙江杭州萧山国际机场国际峰会专用候机楼

设计团队：中国航空规划设计研究总院有限公司
业主单位：浙江杭州萧山国际机场

设计团队：徐平利、臧志远、杨洁、张楠、张书勤、
朱赛男、宁剑、许明、邓强、魏炜
项目地点：浙江省杭州市
场地面积：约 39 985.5 ㎡
建筑面积：4 150 ㎡
设计时间：2015—2016 年
竣工时间：2016 年

①～⑫轴立面图

轴立面图

该工程是为迎接 2016 年 9 月在中国杭州举办的 G20 国际峰会以及 2022 年亚运会而专门建设的，主要用于专机迎送各国领导人。该工程的建设成为继首都机场专机楼之后，由中国航空规划设计研究总院完整设计（含土建、精装、陈设、字画、家具、景观、智能化、机电及室外工程等全专业）的中国第二大专机重要接待门户和窗口。在 G20 峰会期间，候机楼庄重、优美、舒适的环境不仅给各国领导人留下第一美好印象，同时也为随后的各项国家事务活动带来良好的潜在效应。

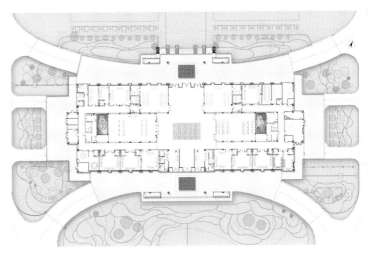

首层平面图

候机楼的设计理念体现在如下方面。其一，建筑整体采用均衡对称院落式布局，室内空间和内庭院景观有无相生；沿中轴均衡展开空间序列，采用抽象简化、富有汉风唐韵的元素，古朴素雅、大气深邃，体现传统与现代相结合的诗意美。其二，点缀每幅窗楣上下的西湖十景精雕石刻、镂刻石雕壁画、铜质藻井和地面形成入口处的层层序列空间，精致的江南风格显杭州元素于建筑细微之处。其三，该工程始终秉承交通建筑简洁快速的功能特征，结合专用候机楼满足多国领导人的迎送需求，充分整合特殊功能、地域文化、造型、绿色、交通等核心要素，在建筑造型和室内外空间设计上，汲取中国传统建筑技艺之美的精髓，力求做到古典精神与现代理念、中国风格与地域特色的完美结合。

甘肃兰州中川国际机场二期航站楼

设计单位：中国航空规划设计研究总院有限公司
业主单位：甘肃兰州中川国际机场

设计团队：徐平利、王燕、李佳音、李光、王浩、
姚冉、宁剑、曲承宝、刘天航
项目地点：甘肃省兰州市
场地面积：约 220 000 ㎡
建筑面积：61 100 ㎡
设计时间：2010—2012 年
竣工时间：2014 年

兰州中川国际机场是甘肃立体交通体系中的重要站点、国内干线机场和西北地区次枢纽机场，是西北地区重要的对外开放窗口和欧亚航路国际航班 I 级备降机场、国家一类航空口岸。

兰州中川机场二期扩建工程是国家民航局和甘肃省人民政府共同投资建设的甘肃省重点工程，兰州中川机场二期扩建工程于 2010 年 12 月举行开工奠基仪式，2011 年 6 月 26 日 T2 航站楼正式开工建设，初步设计批复概算投资 14.88 亿元。在施工技术难点多、不停航施工压力大、与兰州—中川城际铁路交叉作业面多等困难之下，该项目于 2014 年 12 月顺利通过竣工验收。

本期扩建工程设计目标年为 2020 年，预测年旅客吞吐量 1 000 万人次，货邮吞吐量 10 万吨，年起降飞机 91 000 多架次，高峰时旅客小时吞吐量 3 700 多人次。项目扩建后飞行区指标为 4D，兼顾 E 类飞机的使用。设计机型选用 A320、A330、B767 等系列机型。新建成的 T2 航站楼位于现有 T1 航站楼的南侧，面积 61 100 平方米，容量可满足 2016 年旅客吞吐量约 650 万人次的需要。航站楼采用两层（局部 3 层）的 T 形指廊式构型，指廊设置 6 个 D 类机位和 3 个 C 类机位；新安装 12 个旅客登机口、30 个值机柜台，安装 9 部旅客登机廊桥，并建设成民航安全检查系统、行李系统等 25 个新建系统工程。项目建成新站前广场及停车场 18 718 平方米；新建 570 多米长高架桥与老航站楼高架桥相接；陆侧景观绿化 59 000 平方米；航站楼前预留与城际铁路综合交通衔接工程的建设空间，包括火车站、航站楼、长途汽车站以及航站区地下车库的综合换乘等立体交通空间。

机场建筑理念取意于"金水龙源"，将金水龙源的文化气质贯穿于航站楼内外，其人文理念与绿化、商业、交通流线巧妙结合形成动态文化主题系统，同时将甘肃粗犷有力、轻灵空透的地方气质通过建筑造型语言加以表现，最终实现传统文化和现代文明自然和谐的共生体，提升航站区整体的建筑品质和景观效果。

王立雄 1990 级

天津大学建筑学院 教授、博士生导师
国家高级照明设计师
天津大学建筑学院建筑技术科学研究所 所长
天津市建筑物理环境与生态技术重点实验室 主任
天津大学建筑设计研究院城市照明分院 院长
中国照明学会副理事长、科普工作委员会主任
中国建筑学会建筑物理分会理事、采光照明专业委员会副主任委员
中国建筑学会建筑师分会建筑技术专业委员会委员
天津建筑学会建筑物理专业委员会主任委员
天津照明学会理事长

1993 年毕业于天津大学建筑系，获工学硕士学位

1993 年至今任职于天津大学建筑学院

获奖项目
1. 内蒙古自治区科技馆和演艺中心夜景照明设计：中国照明学会照明
工程设计一等奖（2015）
2. 天津利顺德大饭店夜景照明设计：中国照明学会照明工程设计二等
奖（2012）
3. 天津中信广场首开区夜景照明设计：中国照明学会照明工程设计二
等奖（2015）
4. 天洋城 4 代太空之窗夜景照明设计项目：中国照明学会照明工程设
计一等奖（2016）

内蒙古自治区科技馆和演艺中心
夜景照明设计

设计单位：天津大学建筑学院
业主单位：内蒙古自治区本级政府投资非经营性项目基建办公室

中国照明学会照明工程设计一等奖（2015）

设计团队：王立雄、高元鹏、宋佳音
项目地点：内蒙古自治区呼和浩特市
建筑面积：87 000 ㎡
设计时间：2013 年
竣工时间：2014 年

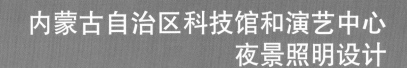

内蒙古自治区科技馆新馆项目是近年内蒙古自治区重要的民生工程之一，位于呼和浩特市东部新区，与呼和浩特市政府隔街相望，与乌兰恰特大剧院和内蒙古博物馆相邻。项目总建筑面积为8.7万平方米，其中科技馆4.83万平方米，演艺中心3.87万平方米，于 2014 年 5 月竣工。建筑展现出草原民族鲜明、刚强、充满活力的性格。草原上升起的太阳、热情舞动的哈达、展翅翱翔的雄鹰、有灿烂文化的书卷、歌的海洋、音乐的天堂，建筑形体描绘了一幅草原深处旭日腾飞的场景。

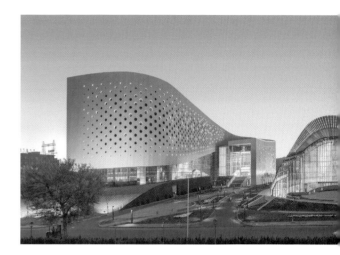

这座凝结着无数设计、施工及管理人员心血的建筑杰作以其独特的照明设计风格吸引了众多关注。科技馆和演艺中心的建筑设计理念取意于天空草原之间科技的瑰宝。建筑师通过对内蒙古文化的理解，运用抽象的手法，形成了建筑恢宏烂漫的艺术气韵。夜景照明设计本着体现建筑的文化性、艺术性和低能耗原则，并通过空间与时间相互转换的理念表现旭日东升、飘逸哈达、展开书卷、科技之光的核心意象，形成步移景异的夜景效果；同时引入功能照明景观化的照明设计理念，通过能源管理的模式，借助室内大厅的部分功能照明形成完整的建筑夜景形象，解决了大面积异形玻璃幕墙的照明设计难题。

陈安华 1991 级

浙江省建筑科学设计研究院建筑设计院 总规划师
建科·曼嘉国际设计中心首席设计师
国家注册规划师
高级工程师
浙江省美丽宜居示范村专家顾问委员会委员
浙江省村镇建设与发展研究会专家委员会委员
浙江省城市规划学会小城镇委员会副主任委员
浙江工业大学小城镇城市化协同创新中心理事
亚洲人居环境协会可持续城市（中国）研究中心主任
联合国人居署"亚洲都市景观奖"专家评审委员会委员

1996 年毕业于天津大学建筑系，获工学学士学位

2002—2012 年任职于美国 XWHO 国际设计集团
2013 年至今任职于建科·曼嘉国际设计中心

代表项目

杭州市临安区滨湖新城城市设计 / 陕西西安大明宫国家遗址公园旅游规划 / 浙江横店影视产业试验区规划 / 重庆江津滨江新城控规及城市设计 / 广西桂林临桂新区控规及城市设计 / 江苏南通通州城东新区城市设计 / 辽宁沈阳国际物流港总体规划 / 云南昆明阳宗海旅游度假区总体规划 / 浙江德清县县域乡村建设规划 / 浙江宁海胡陈乡可持续发展研究及镇区城市设计 / 江苏常熟海虞中国特色小镇规划 / 浙江德清二都村"美丽宜居示范村"村庄规划设计

获奖项目

1. 浙江省安吉县县域村镇体系规划：浙江省优秀城乡规划项目二等奖（2016）/ 浙江省美丽宜居村庄规划设计试点竞赛一等奖（2016）
2. 浙江省安吉县递铺街道鹤鹿溪村：浙江省美丽宜居村庄规划设计试点竞赛二等奖（2016）
3. 德清二都下渚湖规划：亚洲都市景观奖（2015）
4. 杭州市余杭区径山镇小古城村美丽宜居示范村村庄规划与设计：浙江省建设厅试点竞赛第一名（2015）
5. 泰州华泽天下：亚洲都市景观奖（2014）

嘉兴秀洲新区规划

设计单位：美国 XWHO 国际设计集团
业主单位：嘉兴秀洲区规划局

设计团队：陈安华、宋为、张歆、周琳、赵健、
江琴、杨忠强
项目地点：浙江省嘉兴市
项目规模：8 000 000 ㎡
设计时间：2008 年
竣工时间：2013 年

DESIGN OF THE CONCEPTIVE UBRAN FORM OF NORTHERN

在"长江三角洲秀丽之洲，世界都市群创新之城"发展愿景的引导下，项目规划紧扣"创新、生态、活力、宜居"四大主题，利用产业、功能、土地利用、交通、建筑、生态等方面的联动设计，实现规划区与周边各区的整体协调发展，强化创新产业与创意产业两大核心，打造一个集"创新高地、生态新城、活力秀湖、宜居嘉源"于一体的城市创新中心和生态示范区。

创新高地　生态新城
活力秀湖　宜居嘉源

HOU DISTRICT OF JIAXING CITY

桂林市临桂新区城市设计

设计单位：美国 XWHO 国际设计集团
业主单位：桂林临桂新区管委会

国际招标第一名

设计团队：陈安华、宋为、赵健、周平、杨忠强、张歆
项目地点：广西省桂林市
项目规模：30 000 000 m²
设计时间：2008 年
竣工时间：2013 年

建设临桂新区是桂林市"保护漓江，再造一个新桂林"的重大战略举措，目的是通过城市向西为老城提供广阔的腹地，最终实现老城与新区的共同发展。规划将临桂新区定位为以行政办公、商务办公、商业金融、文化休闲、居住等为主的多功能、复合型和谐城区。设计方通过对发展机制和开发策略的研究，为新城寻求可持续发展的模式和动力，实现桂林城市特色的传承与创新和土地资源价值的最大化，使之成为新城规划与建设的成功典范。

临桂新区立足桂林"山水甲天下"的城市特色，通过规划、景观与建筑的设计手法延续自然与城市的和谐共生关系，最大化利用山水资源，传承特色、弥补老城缺失，创新城市形象，再造"山—水—城"交融的特色新城区。设计方通过将传统文化元素融入现代建筑和公共景观空间，实现了现代与传统的有机融合，在延续桂林传统文化的基础上体现出新区作为桂林市西部标志性门户区的现代、时尚的气息。

浙江省宁海县胡陈乡可持续发展规划

设计单位：建科·曼嘉国际设计中心
业主单位：宁海县胡陈乡人民政府

设计团队：陈安华、宋为、张歆、江琴、王华明、周琳、董科超
项目地点：浙江省宁海县
项目规模：100 000 000 ㎡
设计时间：2015 年
竣工时间：2016 年

胡陈乡地处宁海县东部山区，乡域面积约为 100 平方千米，因交通不便，受周边主要城市影响不大，是典型的生态农业乡。

本次规划通过可持续发展研究和"资源、产业、市场、人口、空间"的五力耦合分析，对胡陈乡的发展动力、发展目标和发展定位等重要方向性问题进行一一剖析，并制订了契合的发展策略和全域项目策划与动态指引的行动计划。规划以城乡等值为发展理念，以品牌创建、市场运营为手段，通过资源整合、产业集聚、市场拓展、空间重构、人口导入、特色打造、生态修复、建设实施、资金筹措、运营管理等等环节来指导和落实可持续发展的指标体系，将胡陈乡打造成具有生态力、吸引力、竞争力的第一个"全域农业公园的可持续发展示范乡"。规划打破以"城镇"为核心的"城镇＋村庄"的规划思路和方法，结合胡陈乡的发展目标与定位，构建新城乡关系视角下的乡域村镇体系及类型，因地制宜地制订村庄发展规划指引、建设策略，并从乡域、村庄发展的实际需求出发，提出村级发展建设规划指引。

牟中辉 1991 级

深圳华汇设计有限公司 董事总经理、总建筑师

1996 年毕业于天津大学建筑系，获建筑学学士学位
1999 年毕业于天津大学建筑学院，获建筑学硕士学位

1999—2001 年任职于深圳市华森建筑与工程设计顾问有限公司
2002—2004 年任职于北京市三磊建筑设计有限公司
2005 年至今任职于深圳华汇设计有限公司

个人荣誉
两岸四地建筑设计论坛及大奖住宅类优异奖（2017）
中国建筑学会建筑创作银奖（2016）
金拱奖建筑设计金奖（2016）
首届深圳建筑创作奖银奖，铜奖（2015）
第九届亚太设计师联盟 IAI 优胜奖（2015）
第九届中国建筑学会 中国青年建筑师奖（2013）

代表项目
深圳万科金域华府 / 西安华侨城壹零捌坊 / 厦门华侨大学经管学院 /
杭州湾信息港 / 西安万科城商业综合体 / 广州万科土楼 / 贵阳中铁阅
山湖文化中心 / 深圳招商中外运航长物流中心 / 深圳西丽留仙洞总部
基地一街坊 3 标段 / 贵阳中航城 / 昆明中航云玺大宅 / 贵阳北大资源
梦想城 / 国虹·卓越·创新产业园 / 深圳华侨城·燕晗花园二期 / 深
圳华侨城·锦绣四期 / 深圳仁恒爱联地块 / 贵阳保利·溪湖 / 成都龙
湖三千城 / 武汉华侨城纯水岸 / 重庆龙湖 U 城 / 重庆龙湖大城小院 /
西安万科·金域曲江 / 西安龙湖紫都城

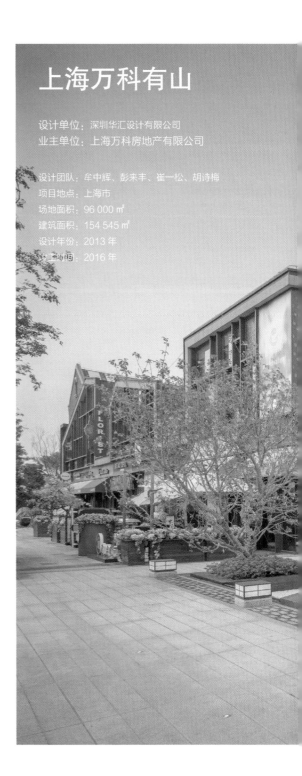

上海万科有山

设计单位：深圳华汇设计有限公司
业主单位：上海万科房地产有限公司

设计团队：牟中辉、彭来丰、崔一松、胡诗梅
项目地点：上海市
场地面积：96 000 ㎡
建筑面积：154 545 ㎡
设计年份：2013 年
竣工时间：2016 年

总平面图

项目整体规划通过一条曲折的景观道作为社区廊道将本案用地划分为大小不同组团，并将其相互联系，形成社区的基本骨架，从而将社区融合到整个片区的慢性系统规划之中，建立社区与周边地带的有机联系；同时将中国特有的邻里空间概念进行组合，以慢性系统的景观主轴为人流交通中枢，并通过主轴进入每个地块，形成崭新的空间序列：住户—宅间绿地—公共绿地—城市防护绿地。

空间小区域组团引入"里坊式"概念，结合产品本身的院落空间，打破传统规划模式，建筑的布局也给人以全新的空间感觉。每个地块都构成了别具特色的组团空间。

上海万科云间传奇

设计单位：深圳华汇设计有限公司
业主单位：上海万科房地产有限公司

设计团队：牟中辉、彭来丰、冯凌
项目地点：上海市
场地面积：57 000 ㎡
建筑面积：97 358 ㎡
设计时间：2015 年
竣工时间：2015 年

本项目的开发目标希望在符合城市空间的整体发展要求的基础上，让项目为城市增添活力，成为区域群体地标；使客户体会到难忘的人文关怀。在怀旧成为一种时尚的今天，项目中与上海文化底蕴相符合的褐石街坊风情文化的植入，表达的是人们对温情、浪漫的和谐生活氛围的向往。

在这 5.7 万平方米的土地上，没有令人感到压迫的高楼大厦，居住者和房子都融在自然之中。容积率 1.4 的密度将最大限度地体现多层城市住宅所特有的价值，从而创建上海万科首个绿色、低碳生态型高尚住区。

华侨大学厦门工学院经管学院

设计单位：深圳华汇设计有限公司
业主单位：厦门仁文投资发展有限公司

设计团队：牟中辉、邓卫权
项目地点：福建省厦门市
场地面积：350 000 ㎡
建筑面积：55 000 ㎡
设计时间：2007 年
竣工时间：2008 年

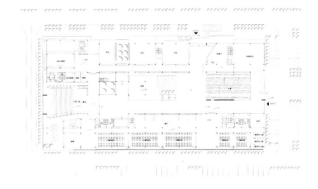

首层平面图

本项目位于厦门市集美区东部，建筑形象设计在多元统一的前提下，结合不同建筑的功能按逻辑展开，在统一的建筑语汇中体现各种特色。中心教学区突出体现"质朴方正""外拙内秀"；位于中心绿轴的演艺中心、交流中心呈现出开放通透、连续而富韵律的表情；宿舍区则力求在灵活性和秩序性以及含蓄和活泼之间达到平衡。

郑 灿 1991 级

Creative Design International,Inc.
场脉建筑设计（上海）有限公司 总裁、首席设计师

1996 年毕业于天津大学建筑系，获建筑学学士学位
1999 年毕业于清华大学城市规划与设计专业，获硕士学位
2001 年毕业于美国加州大学洛杉矶分校建筑学专业，获硕士学位

2001—2005 年任职于 Gensler 洛杉矶分部
2005—2006 年任职于 WATG 美国总部
2006—2012 年任职于美国捷得国际建筑师事务所 (The Jerde Partnership)
美国总部
2012 年至今任职于 Creative Design International,Inc.
场脉建筑设计（上海）有限公司

代表项目
迪拜朱美瑞山商务区 / 武汉绿地中心 / 上海长泰广场 / 哈尔滨宝宇天邑 / 重庆
蓝光中央广场 / 石家庄恒润时代广场

NBA 水城商业广场

设计单位：场脉建筑设计（上海）有限公司
业主单位：天津鸿盛投资集团有限公司

设计团队：郑灿、JACK FONG、董晶、茆敏伟、
刘亮亮、苗莹缘、曹晓翠
项目地点：天津市
场地面积：25 922 ㎡
建筑面积：69 410 ㎡
设计时间：2014 年
竣工时间：2016 年
摄影：金锋哲

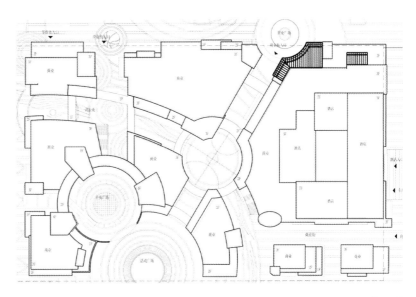

总平面图

本商业中心以"NBA"为主题，以"打造人性化及多样化的设计空间"为设计理念。结合商业中心的区位优势，设计师引入大量的 NBA 元素，为广大 NBA 球迷和爱好运动的人士打造集运动、娱乐、购物、休闲为一体的新场所，使其成为球迷休闲聚会的目的地。设计宗旨是以人为本，注重人的空间感受，强调人的空间体验。

本项目在设计上以点式圆形和线性弧形为基本元素打造地块内的公共空间，并在地块内设置 NBA 大道步行街、NBA 广场、全明星广场、球迷滨水活动广场等特色公共空间，营造丰富的空间感觉。设计方案利用错落的退台巧妙地打造出不同高度的立体平台，为顾客带来多元感受，形成步移景异的独特体验。

运动公园结合得天独厚的运动及滨水景观资源，设计了丰富多样的户外运动空间，打造了一个既突出篮球主题又多元化的兼具休闲、游憩功能的生态型运动主题公园。

王宇石 1991 级

万达文旅规划研究院酒店所 所长
国家一级注册建筑师
高级建筑师

1996 年毕业于天津大学建筑系，获工学学士学位
1999 年毕业于天津大学建筑学院，获建筑设计及理论硕士学位
2010 年结业于清华大学国际工程管理学院管理硕士学位课程

1999—2012 年任职于北京市建筑设计研究院有限公司
2014 年至今任职于万达文旅规划研究院

代表项目
北京康莱德酒店 / 无锡万达文华酒店 / 山西太原皇冠假日国际酒店 /
三亚太阳湾安达兹酒店 / 北京市交通学校电气化教学楼 / 北京紫玉山
庄度假酒店

上海世博民居文化区酒店（悦榕庄）

设计单位：北京市建筑设计研究院有限公司、
Denniston International Architects & Planners
业主单位：上海地产（集团）有限公司

设计团队：梁燕妮、王宇石、杜松、霍立峰、李达
项目地点：上海市
场地面积：83 000 ㎡
建筑面积：71 000 ㎡
设计时间：2008—2011 年
竣工时间：2015 年

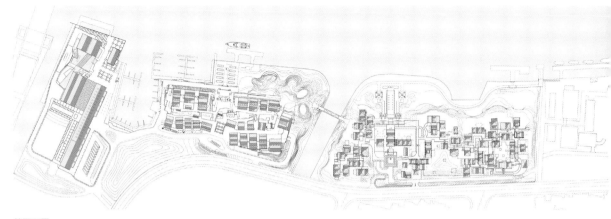

总平面图

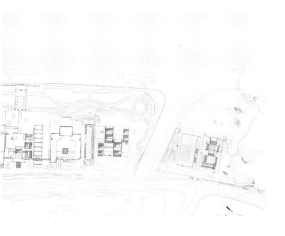

项目位于徐浦大桥北侧，建筑面积 7.1 万平方米，八十多栋临水而建、绿树围绕的古民居以恬静、典雅的形象为黄浦江带来了一股清新、古朴、浪漫之风。酒店在规划布局上力求重现乡土村落的建筑精神。虽然每栋古民居的来源地有所不同，但均被赋予新的功能特点，通过错落的庭院、丰富的地形、叠山理水等空间形式，用街巷、场院等空间将建筑串接起来，再根据功能构成进一步细分成小的组团，形成村落、组团、宅院层层叠叠丰富的空间形态。

丹寨万达锦华温泉酒店

设计单位：万达商业规划研究院酒店所
　　　　　上海力夫建筑有限公司
业主单位：万达集团

设计团队：王宇石、段堃、江家旸、朱超
项目地点：贵州省黔东南苗族侗族自治州
场地面积：5 000 ㎡
建筑面积：6 740 ㎡
设计时间：2015—2016 年
竣工时间：2017 年

丹寨万达锦华温泉酒店是万达集团首家锦华品牌酒店，也是万达第一个精准扶贫模式下的援建酒店。项目枕山面水，自然资源优越，拥有 95 间独具苗族特色的客房，可以让宾客尽情感受山水之间的闲情逸致。酒店以庭院为核心，沿山势舒展开来。中轴线将过街楼、主入口、大堂、水院、码头串联起来。站在大堂极目远望，无边水池上接缥缈山色、下连东湖水面，此谓"山水共长天一色"。整个酒店胜在景物自成一体，以小见大，是"一花一世界，一院一春秋"的最佳阐释。

三亚太阳湾柏悦酒店

设计单位：北京市建筑设计研究院有限公司、
Denniston International Architects & Planners
业主单位：三亚太阳湾开发有限公司

设计团队：王宇石、杜松、梁燕妮、倪琛、刘莹
项目地点：海南省三亚市
场地面积：120 000 ㎡
建筑面积：66 000 ㎡
设计时间：2007—2015 年
竣工时间：2016 年

太阳湾位于三亚市亚龙湾国际旅游度假区西南侧，因环抱海湾的山脊上有一形似太阳的红色巨岩而得名。柏悦酒店由六栋主楼及裙房组成，主楼高低错落，以争取获得最大的观海景观。整个建筑群体的造型注重不同体块和材料的组合，以简约、时尚、新颖取胜，使建筑既经得住时间的考验，又区别于亚龙湾现有的度假酒店，成为一道别致的、令人惊艳的独特风景线。从海面一侧望过去，建筑轻盈、通透、错落有致，其前卫大胆的设计使得柏悦酒店从三亚众多沿海酒店中脱颖而出，卓尔不群。

北京喜来登酒店

设计单位：北京市建筑设计研究院有限公司、
　　　　　巴马丹拿建筑设计咨询（上海）有限公司
业主单位：北京金隅股份有限公司

设计团队：王宇石、杜松、李达
项目地点：北京市
场地面积：63 000 ㎡
建筑面积：114 300 ㎡
设计时间：2008—2011 年
竣工时间：2011 年

项目为环贸中心总体规划的最后一期，连贯了整个办公商业网络，起到枢纽的作用，亦带动了周边人流及商业活动，为整片商贸区塑造了一个既有特色又能自给自足的休闲空间。项目的主要功能有酒店、办公、商业及配套设施，分别为两栋近 80 米高的由裙房相连的塔楼，总建筑面积 1.15 万平方米，客房总数 472 间，立面处理考虑环贸中心的整体连贯性，色彩上采用与园区其他建筑相统一的蓝灰色玻璃幕墙，以现代手法形成具有强烈动感的切削几何体。

后记
POSTSCRIPT

八十载风雨悠悠育累累英华，数十年桃李拳拳谱北洋匠心，历经近一个世纪的风风雨雨，2017 年的金秋十月，迎来了天津大学建筑教育的 80 周年华诞。

天津大学建筑学院的办学历史可上溯至 1937 年创建的天津工商学院建筑系。1954 年成立天津大学建筑系，1997 年在原建筑系的基础上，成立了天津大学建筑学院。建筑学院下辖建筑学系、城乡规划系、风景园林系、环境艺术系以及建筑历史与理论研究所和建筑技术科学研究所等。学院师资队伍力量雄厚，业务素质精良，在国内外建筑界享有很高的学术声誉。几十年来，天津大学建筑学院已为国家培养了数千名优秀毕业生，遍布国家各部委及各省、市、自治区的建筑设计院、规划设计院、科研院所、高等院校和政府管理、开发建设等部门，成为各单位的业务骨干和学术中坚力量，为中国建筑事业的发展做出了突出贡献。

2017 年 6 月，天津大学建筑学院、天津大学建筑学院校友会、天津大学出版社、乙未文化决定共同编纂《北洋匠心——天津大学建筑学院校友作品集》系列丛书，回顾历史、延续传统，力求全面梳理建筑学院校友作品，将北洋建筑人近年来的工作成果向母校、向社会做一个整体的汇报及展示。

2017 年 7 月，建筑学院校友会正式开始面向全体天津大学建筑学院校友征集稿件，得到了广大校友的积极反馈和大力支持，陆续收到 130 余位校友的项目稿件，地域范围涵盖我国华北、华东、华南、西南、西北、东北乃至北美、欧洲等地区的主要城市，作品类型包含教育建筑、医疗建筑、交通建筑、商业建筑、住宅建筑、规划及景观等，且均为校友主创或主持的近十年内竣工的项目（除规划及城市设计），反映了校友们较高水平的设计构思和精湛技艺。

2017 年 9 月，彭一刚院士、张颀院长、李兴钢大师、荆子洋教授参加了现场评审，几位编委共同对校友提交的稿件进行了全面的梳理和严格的评议，同时，崔愷院士、周恺大师也提出了中肯的意见，最终确定收录了自 1977 年恢复高考后入学至今的 113 位校友的 223 个作品。

本书以校友入学年份为主线，共分为四册。在图书编写过程中，编者不断与校友沟通，核实作者信息及项目信息，几易其稿，往来邮件近千封，力求做到信息准确、内容翔实、可读性高。

本书的编纂得到了各界支持，出版费用也由校友众筹。在此，向各位投稿的校友、编委会的成员、各位审稿的校友、各位关心本书编写的校友表示衷心感谢。感谢彭一刚院士、崔愷院士对本书的关注和指导，感谢张颀院长等学院领导和老师对本书编辑工作的支持，感谢各地校友会对本书征稿工作的组织与支持，最后，感谢本书策划编辑、美编、摄影等工作人员的高效工作与辛勤付出！

掩卷感叹，经过紧锣密鼓的筹备，这套丛书终于完稿，内容之精彩让人不禁感慨于天大建筑人一代又一代的辛勤耕耘，感叹于校友们的累累硕果。由于建筑学院历届校友众多，遍布五湖四海，收录不全实为遗憾，编排不当之处在所难免，敬请各位校友谅解，并不吝指正。

最后，谨以此书献给天津大学建筑教育 80 周年华诞！愿遍布全世界的天大人携手一心，续写北洋华章，再创新的辉煌！

本书编委会

2017 年 12 月

图书在版编目（CIP）数据

北洋匠心：天津大学建筑学院校友作品集.第二辑.1985—1991级 /
天津大学建筑学院编著.—天津：天津大学出版社，2018.1
　　（北洋设计文库）
　　ISBN 978-7-5618-6046-5

Ⅰ.①北… Ⅱ.①天… Ⅲ.①建筑设计—作品集—中
国—现代 Ⅳ.① TU206

中国版本图书馆 CIP 数据核字 (2018) 第 017351 号

Beiyang Jiangxin　　Tianjin Daxue Jianzhu Xueyuan Xiaoyou Zuopinji
Di'erji　1985 —1991Ji

图书策划 杨云婧
责任编辑 朱玉红
文字编辑 李　轲、李松昊
美术设计 许万杰、高婧祎
图文制作 天津天大乙未文化传播有限公司
编辑邮箱 yiweiculture@126.com
编辑热线 188-1256-3303

出版发行　天津大学出版社
地　　址　天津市卫津路 92 号天津大学内（邮编：300072）
电　　话　发行部 022-27403647
网　　址　publish.tju.edu.cn
印　　刷　深圳市汇亿丰印刷科技有限公司
经　　销　全国各地新华书店
开　　本　185mm × 250mm
印　　张　17
字　　数　116 千
版　　次　2019 年 1 月第 1 版
印　　次　2019 年 1 月第 1 次
定　　价　298.00 元